FORSCHUNGSBERICHTE DES LANDES NORDRHEIN-WESTFALEN

Nr. 2140

Herausgegeben im Auftrage des Ministerpräsidenten Heinz Kühn
von Staatssekretär Professor Dr. h. c. Dr. E. h. Leo Brandt

Dr. Otto Schafmeister

Fachbereich Mathematik an der Universität Münster
Referent: Prof. Dr. Dr. h. c. Dr. h. c. Heinrich Behnke

Differenzierbare Räume

Springer Fachmedien Wiesbaden GmbH

ISBN 978-3-663-06241-7 ISBN 978-3-663-07154-9 (eBook)
DOI 10.1007/978-3-663-07154-9

Verlags-Nr. 012140

Ursprünglich erschienen bei Westdeutscher Verlag, Köln und Opladen 1970

Gesamtherstellung: Westdeutscher Verlag ·

Inhalt

Einleitung

Der Begriff des differenzierbaren Raumes wurde von K. SPALLEK in [11] eingeführt. Es handelt sich dabei um eine Verallgemeinerung des Begriffs der differenzierbaren Mannigfaltigkeit, ähnlich wie komplexe Mannigfaltigkeiten durch komplexe Räume verallgemeinert werden. Ferner besteht eine Verbindung zur Funktionentheorie dadurch, daß sich jeder komplexe Raum in natürlicher Weise als differenzierbarer Raum auffassen läßt. Dadurch lassen sich gewisse Ergebnisse aus der Theorie der differenzierbaren Räume auf komplexe Räume anwenden.

Ein Paar $D = (X, \mathscr{A})$ heißt k-differenzierbarer Unterraum des $\mathbb{R}^n$, wenn $X \subset \mathbb{R}^n$ eine Teilmenge ist und $\mathscr{A}$ eine Garbe über X, die dadurch entsteht, daß man die Garbe $\mathscr{D}^k$ der Keime von C^k-Funktionen im $\mathbb{R}^n$ auf X einschränkt und dann durch eine Idealuntergarbe $\mathscr{I}$ dividiert, die folgende Eigenschaften hat:

a) $\mathscr{I}_x \neq \mathscr{D}_x^k$,

b) $\mathscr{I}_x \cdot \mathscr{D}_x^{k-1} \cap \mathscr{D}_x^k = \mathscr{I}_x$ (für alle $x \in X$).

(Die Bedingung b) muß aus gewissen beweistechnischen Gründen gefordert werden und ist in vielen Fällen von selbst erfüllt.)

Sind $D = (X, \mathscr{A})$ und $D' = (X', \mathscr{A}')$ k-differenzierbarer Unterräume des $\mathbb{R}^n$ bzw. des $\mathbb{R}^m$, so heißt ein Paar $\mathfrak{f} = (f, f^*)$ eine k-differenzierbare Abbildung von D in D', wenn $f: X \to X'$ eine stetige Abbildung ist und $f^*: f^{-1}(\mathscr{A}') \to \mathscr{A}$ ein Garbenhomomorphismus derart, daß f und f^* lokal durch C^k-Abbildungen $\mathbb{R}^n \to \mathbb{R}^m$ »induziert« werden. Allgemeine k-differenzierbare Räume entstehen dann durch »Verklebung« von k-differenzierbaren Unterräumen irgendwelcher $\mathbb{R}^n$ mittels Diffeomorphismen, und entsprechend wird der Begriff der k-differenzierbaren Abbildung für beliebige k-differenzierbare Räume erweitert.

Kapitel I dieser Arbeit behandelt die Frage nach der Existenz globaler Einbettungen eines k-differenzierbaren Raumes in einen euklidischen Zahlenraum $\mathbb{R}^m$.

Die Paragraphen 1, 2 und 3 enthalten grundlegende Definitionen und Tatsachen. Vieles davon findet man – mit kleinen, mehr formalen Unterschieden – bereits in [11].

In Paragraph 4 wird gezeigt, daß sich jeder k-differenzierbare Raum D, dessen lokale Einbettungsdimension durch n beschränkt ist, in den $\mathbb{R}^{(n+1)^2}$ einbetten läßt (4.7). Dies ist eine Verallgemeinerung eines entsprechenden Satzes für n-dimensionale differenzierbare Mannigfaltigkeiten, den W. Bos in [1] bewiesen hat. Im Falle $k \geqq 2$ existiert sogar eine Einbettung von D in den $\mathbb{R}^{2n+1}$. Das wird in § 5 mit Hilfe der Ergebnisse aus § 4 bewiesen (5.11). Damit ist der bekannte Einbettungssatz von WHITNEY für differenzierbare Mannigfaltigkeiten verallgemeinert. Gleichzeitig ist das Resultat Verallgemeinerung eines entsprechenden Einbettungssatzes, den K. SPALLEK in [11] mit anderen Methoden für eine sehr viel speziellere Klasse differenzierbarer Räume bewiesen hat.

In Kapitel II werden differenzierbare Abbildungen von differenzierbaren Räumen untersucht; insbesondere Zusammenhänge zwischen dem Rang solcher Abbildungen und der topologischen Dimension der Bildmenge.

§ 1 beschäftigt sich mit C^k-Abbildungen $F: M \to N$ zwischen differenzierbaren Mannigfaltigkeiten. Es ergeben sich zwei Hauptresultate (1.13 und 1.12):

(i) Bezeichnet B_r die Menge derjenigen Punkte von M, in denen F einen Rang $\leqq r$ hat, so gilt: $\dim F(B_r) \leqq r$.

(ii) Es ist $\dim F(M)$ gleich dem Maximum des Ranges von F in M.

Die Aussagen (i), (ii) gelten nur unter gewissen Voraussetzungen über den Grad k der Differenzierbarkeit.

In § 2 wird das obige Ergebnis (i) auf k-differenzierbare Abbildungen $\mathfrak{f} = (f, f^*) : A \to A'$ zwischen differenzierbaren Räumen $A = (X, \mathscr{A})$, $A' = (X', \mathscr{A}')$ übertragen (2.2). Hieraus gewinnt man dann folgende Aussage (2.5): Bezeichnet K die Menge der kritischen Punkte von $\mathfrak{f}$, d. h. die Menge aller $x \in X$ mit $\operatorname{rang}_x \mathfrak{f} < \dim_{f(x)} X'$, so liegt $X' - f(K)$ dicht in X' (falls k groß genug ist). Dieses Resultat läßt sich als Verallgemeinerung eines Satzes von K. SPALLEK deuten, der in [11] zeigt, daß $f(K)$ das Lebesgue-Maß Null hat, falls A' eine Mannigfaltigkeit ist. Das Ergebnis von SPALLEK wiederum ist eine Verallgemeinerung des bekannten Satzes von SARD (siehe [9]).
In § 3 werden differenzierbare Abbildungen zwischen komplexen Räumen untersucht. Es wird ein neuer Rangbegriff eingeführt, der besondere Rücksicht auf die singulären Punkte des Urbildraumes nimmt. Damit lassen sich die obigen Ergebnisse (i) und (ii) auf differenzierbare Abbildungen komplexer Räume (3.6 und 3.7) übertragen. Eine Anwendung der Resultate auf holomorphe Abbildungen $f: X \to Y$ ergibt den bereits von R. REMMERT und K. STEIN mittels funktionentheoretischer Methoden in [8] bewiesenen Satz, daß die topologische Dimension von $f(X)$ doppelt so groß ist, wie das Maximum des komplexen Ranges von f (3.10). Ein weiteres Beispiel für die Anwendbarkeit der Ergebnisse in der komplexen Analyis ist schließlich der Satz, daß eine abgeschlossene holomorphe Abbildung eines komplexen Raumes in einen irreduziblen komplexen Raum bereits dann surjektiv ist, wenn die Bildmenge innere Punkte besitzt (3.11).
Ich danke Herrn Professor Dr. Dr. h. c. Dr. h. c. H. BEHNKE für die Arbeitsmöglichkeit in seinem Institut sowie für sein freundliches Interesse an meiner Arbeit und Herrn Dozenten Dr. K. SPALLEK für wertvolle Anregungen und Ratschläge.

Globale Einbettung differenzierbarer Räume

§ 1 Differenzierbare Unterräume des $\mathbb{R}^n$

Es sei $\mathscr{D}^k = \mathscr{D}^k(\mathbb{R}^n)$ die Garbe der Keime von C^k-Funktionen im $\mathbb{R}^n$ ($k = 1, 2, \ldots, \infty$). Für $x \in \mathbb{R}^n$ ist der Halm $\mathscr{D}^k_x$ eine lokale, nicht noethersche $\mathbb{R}$-Algebra, deren maximales Ideal $\mathfrak{m}_x$ aus den Keimen derjenigen Funktionen besteht, die im Punkte x verschwinden. Ist $X \subset \mathbb{R}^n$ eine Teilmenge, so bezeichne $\mathscr{D}^k(X)$ die Einschränkung von $\mathscr{D}^k$ auf X und $\Gamma(X, \mathscr{D}^k)$ die $\mathbb{R}$-Algebra der (stetigen) Schnitte über X in $\mathscr{D}^k$.

1.1 Lemma: Jeder Schnitt aus $\Gamma(X, \mathscr{D}^k)$ läßt sich zu einem Schnitt über einer geeigneten offenen Umgebung von X fortsetzen.

Beweis: Vergleiche [5], p. 7, Theorem 1.5.

1.2: Es sei $\mathscr{R}$ eine Garbe von Ringen mit Einselement über dem topologischen Raum X, so daß der Einsschnitt stetig ist. Für $s \in \Gamma(X, \mathscr{R})$ definieren wir $\operatorname{Tr} s :=$ abgeschlossene Hülle von $\{x \in X; s(x) \neq 0\}$ als den *Träger von s*. Ist $\{U_i, i \in I\}$ eine offene Überdeckung von X, so heißt im System $\{s_i \in \Gamma(X, \mathscr{R}); i \in I\}$ eine *Partition der Eins* in $\mathscr{R}$ bzgl. $\{U_i\}$, wenn gilt:

a) $\operatorname{Tr} s_i \subset U_i$;
b) $\{\operatorname{Tr} s_i; i \in I\}$ ist ein lokalendliches System;
c) $\sum_{i \in I} s_i = 1 =$ Einsschnitt in $\mathscr{R}$.

1.3 Lemma: In $\mathscr{D}^k(X)$ gibt es bzgl. jeder offenen Überdeckung von X ein Partition der Eins.

Beweis: Sei $\{U_i; i \in I\}$ eine vorgegebene offene Überdeckung von X. Dann gibt es offene Mengen $V_i \subset \mathbb{R}^n$ mit $V_i \cap X = U_i$. Sei $U := \bigcup_{i \in I} V_i$. Da U eine offene Teilmenge des $\mathbb{R}^n$ ist, gibt es nach bekannten Sätzen der Differentialtopologie bzgl. der offenen Überdeckung $\{V_i\}$ von U eine Partition $\{s_i; i \in I\}$ der Eins in $\mathscr{D}^k(U)$. Dann ist $\{s_i | X; i \in I\}$ eine Partition der Eins in $\mathscr{D}^k(X)$ bzgl. $\{U_i\}$.

1.4: Sei $\mathscr{G}$ eine Garbe von abelschen Gruppen über einem parakompakten Hausdorffraum X. Ist $\mathfrak{h} : \mathscr{G} \to \mathscr{G}$ ein Garbenhomomorphismus, so versteht man unter dem *Träger von* $\mathfrak{h}$ ($\operatorname{Tr} \mathfrak{h}$) die abgeschlossene Hülle der Menge aller Punkte $x \in X$, für die der induzierte Homomorphismus $\mathfrak{h}_x : \mathscr{G}_x \to \mathscr{G}_x$ vom Nullhomomorphismus verschieden ist. $\mathscr{G}$ heißt *fein*, wenn es zu jeder lokalendlichen offenen Überdeckung $\{U_i; i \in I\}$ von X Garbenhomomorphismen $\mathfrak{h}_i : \mathscr{G} \to \mathscr{G}$ gibt, so daß gilt:

a) $\operatorname{Tr} \mathfrak{h}_i \subset U_i$;
b) $\sum_{i \in I} \mathfrak{h}_i =$ identische Abbildung von $\mathscr{G}$.

Jede feine Garbe $\mathscr{G}$ über X ist *weich*, d. h. Schnitte über abgeschlossenen Teilmengen von X lassen sich stets zu Schnitten über X in $\mathscr{G}$ fortsetzen ([2], p. 175, Lemma 7).

1.5: Ist $\mathscr{R}$ eine Garbe von Ringen mit Eins über dem parakompakten Hausdorffraum X und gibt es bzgl. jeder offenen Überdeckung von X eine Partition der Eins in $\mathscr{R}$, so ist jede Idealuntergarbe $\mathscr{I}$ von $\mathscr{R}$ fein.

Beweis: Sei $\{U_i;\ i \in I\}$ eine lokalendliche Überdeckung von X und $\mathscr{I} \subset \mathscr{R}$ eine Idealuntergarbe. Zu $\{U_i\}$ gibt es eine Partition der Eins $\{s_i \in \Gamma(X, \mathscr{R});\ i \in I\}$. Man betrachte die Abbildungen

$$\mathfrak{h}_i : \mathscr{R} \to \mathscr{R}$$

$$\alpha_x \mapsto s_i(x) \cdot \alpha_x, \qquad \alpha_x \in \mathscr{R}_x.$$

Da $\mathscr{I}_x$ ein Ideal in $\mathscr{R}_x$ ist, liegt mit α_x auch $s_i(x) \cdot \alpha_x$ in $\mathscr{I}_x$. Folglich induzieren die $\mathfrak{h}_i$ Garbenhomomorphismen (bzgl. der additiven Struktur) $\mathfrak{h}_i' : \mathscr{I} \to \mathscr{I}$. Nach Konstruktion gilt:

$$\operatorname{Tr} \mathfrak{h}_i' \subset U_i, \qquad \sum_{i \in I} \mathfrak{h}_i' = id_{\mathscr{I}}.$$

1.6 Korollar:

a) Jede Idealuntergarbe $\mathscr{I} \subset \mathscr{D}^k(X)$, $X \subset \mathbb{R}^n$, ist fein.
b) $\mathscr{D}^k(X)$ ist fein.

Beweis: Die Behauptung folgt aus 1.3 und 1.5.

1.7 Korollar: Ist $\mathscr{I} \subset \mathscr{D}^k(X)$ eine Idealuntergarbe, so ist die kanonische Sequenz der Schnittalgebren

$$0 \to \Gamma(X, \mathscr{I}) \to \Gamma(X, \mathscr{D}^k(X)) \to \Gamma(X, \mathscr{D}^k(X)/\mathscr{I}) \to 0$$

exakt.

Beweis: Nach 1.6 ist $\mathscr{I}$ fein und folglich verschwindet $H^q(X, \mathscr{I})$ für $q \geqq 1$ (vgl. [2], p. 176).

1.8 Lemma: Sei $\mathscr{I} \subset \mathscr{D}^k(X)$ eine Idealuntergarbe. Zu jeder offenen Überdeckung gibt es eine Partition der Eins in $\mathscr{D}^k(X)/\mathscr{I}$.

Beweis: Zu jeder offenen Überdeckung $\{U_i\}$ von X existiert nach 1.3 eine Partition der Eins $\{s_i\}$ in $\mathscr{D}^k(X)$. Die Bilder der Schnitte s_i in der Quotientengarbe $\mathscr{D}^k(X)/\mathscr{I}$ stellen dann eine Partition der Eins in $\mathscr{D}^k(X)/\mathscr{I}$ dar.

1.9 Korollar: Es sei $\mathscr{I} \subset \mathscr{D}^k(X)$ eine Idealuntergarbe und $A \subset U \subset X$, A abgeschlossen und U offen (bzgl. X). Dann existiert ein $s \in \Gamma(X, \mathscr{D}^k(X)/\mathscr{I})$, so daß gilt:

$$s(x) = 1_x \quad \text{für alle} \quad x \in A, \qquad \operatorname{Tr} s \subset U.$$

Beweis: Es ist $\{U, X - A\}$ eine offene Überdeckung von X. Nach 1.8 existieren Schnitte $s, t \in \Gamma(X, \mathscr{D}^k(X)/\mathscr{I})$ mit $\operatorname{Tr} s \subset U$, $\operatorname{Tr} t \subset X - A$ und $s + t = 1$. Für $x \in A$ ist $t(x) = 0_x$ und folglich $s(x) = 1_x$.

1.10 Korollar: Ist $\mathscr{I} \subset \mathscr{D}^k(X)$ eine Idealuntergarbe, so ist die Garbe $\mathscr{D}^k(X)/\mathscr{I}$ fein.

Beweis: Die Behauptung folgt aus 1.5 und 1.8.

1.11: Ist $\mathscr{A}$ eine Garbe von $\mathbb{R}$-Algebren über dem topologischen Raum X (mit stetigem Einsschnitt), so soll das Paar $(X, \mathscr{A})$ ein *reell-geringter Raum* heißen; $\mathscr{A}$ heißt die *Strukturgarbe* des Raumes.
Sind $A = (X, \mathscr{A})$ und $B = (Y, \mathscr{B})$ reell-geringte Räume, so soll ein Paar $\mathfrak{f} = (f, f^*)$ ein *Morphismus von A in B* heißen, wenn gilt:

a) $f: X \to Y$ ist eine stetige Abbildung;
b) $f^*: f^{-1}(\mathscr{B}) \to \mathscr{A}$ ist ein Garbenhomomorphismus (von $\mathbb{R}$-Algebren), der den Einsschnitt in den Einsschnitt überführt.

Dabei bezeichne $f^{-1}(\mathscr{B})$ das Garbenurbild von $\mathscr{B}$ vermöge f. Es ist f^{-1} ein Funktor von der Kategorie der Garben über Y in die Kategorie der Garben über X.
Sei im folgenden $\mathfrak{f} = (f, f^*) : A \to B$ ein Morphismus reell-geringter Räume.

1.12: Für $X' \subset X$ induziert f^* einen Homomorphismus

$$f^*_{X'} : \Gamma(f(X'), \mathscr{B}) \to \Gamma(X' \mathscr{A}),$$

der gegeben wird durch

$$(f^*_{X'}(s))(x) := f^*(s(f(x))), \quad x \in X', \quad s \in \Gamma(f(X'), \mathscr{B}).$$

Insbesondere hat man für $x \in X$ Algebrahomomorphismen

$$f^*_x : \mathscr{B}_{f(x)} \to \mathscr{A}_x.$$

1.13: Unter der *Einschränkung von A* auf die Teilmenge $X' \subset X$ versteht man den geringten Raum $A|X' := (X', \mathscr{A}|X')$. Dann ist $\mathfrak{f}|X' := (f|X', f^* |(f|X')^{-1}(\mathscr{B}))$ ein Morphismus von $A|X'$ in B und heißt die *Einschränkung von $\mathfrak{f}$ auf X'*.

1.14: Ist $C = (Z, \mathscr{C})$ ein weiterer reell-geringter Raum und $\mathfrak{g} = (g, g^*)$ ein Morphismus von B in C, so definiert man die Verknüpfung $\mathfrak{g} \circ \mathfrak{f} : A \to C$ wie folgt:

$$\mathfrak{g} \circ \mathfrak{f} := (g \circ f, f^* \circ f^{-1}(g^*)).$$

Dabei ist $f^* \circ f^{-1}(g^*)$ in folgender Weise als Garbenhomomorphismus von $(g \circ f)^{-1}(\mathscr{C})$ nach $\mathscr{A}$ aufzufassen:

$$(g \circ f)^{-1}(\mathscr{C}) = f^{-1}(g^{-1}(\mathscr{C})) \xrightarrow{f^{-1}(g^*)} f^{-1}(\mathscr{B}) \xrightarrow{f^*} \mathscr{A}.$$

Damit wird die Klasse der reell-geringten Räume zu einer Kategorie. Der identische Morphismus von $A = (X, \mathscr{A})$ hat die Gestalt $id_A = (id_X, id_{\mathscr{A}})$, wobei $id_{\mathscr{A}} : (id_X)^{-1}(\mathscr{A}) = \mathscr{A} \to \mathscr{A}$ der identische Garbenhomomorphismus von $\mathscr{A}$ ist.

Es gilt für $x \in X$ und $\mathfrak{g} \circ \mathfrak{f} =: \mathfrak{h} = (h, h^*)$:

$$h^*_x = f^*_x \circ g^*_{f(x)}.$$

1.15 Definition: Sei $X \subset \mathbb{R}^n$ und $\mathscr{I} \subset \mathscr{D}^k(X)$ eine Idealuntergarbe derart, daß für alle $x \in X$ gilt:

a) $\mathscr{I}_x \neq \mathscr{D}^k_x$
b) $\mathscr{I}_x \cdot \mathscr{D}^{k-1}_x \cap \mathscr{D}^k_x = \mathscr{I}_x$.

Dann heißt der reell-geringte Raum $D = (X, \mathscr{D}^k(X)/\mathscr{I})$ ein *k-differenzierbarer Unterraum des $\mathbb{R}^n$*.

Die Bedingung b) besagt: Ist $\alpha = \sum_{i=1}^{m} \gamma_i \cdot \beta_i$ mit $\beta_i \in \mathscr{I}_x$, $\gamma_i \in \mathscr{D}^{k-1}_x$ und gilt $\alpha \in \mathscr{D}^k_x$, so folgt $\alpha \in \mathscr{I}_x$. Diese Bedingung wird in vielen späteren Beweisen benutzt und deshalb von vornherein axiomatisch gefordert. Sie ist im Falle $k = \infty$ stets erfüllt.
Ein weiterer k-differenzierbarer Unterraum $D' = (X', \mathscr{D}^k(X')/\mathscr{I}')$ des $\mathbb{R}^n$ heißt ein *k-differenzierbarer Unterraum von D*, wenn gilt:

$$X' \subset X \quad \text{und} \quad \mathscr{I}'_x \supset \mathscr{I}_x \quad \text{für alle} \quad x \in X'.$$

In diesem Sinne ist D ein Unterraum von $(\mathbb{R}^n, \mathscr{D}^k(\mathbb{R}^n)/0) = (\mathbb{R}^n, \mathscr{D}^k) = \mathbb{R}^n$. Ferner ist z. B. $D|X'$ Unterraum von D.

1.16 Spezialfälle: Setzt man $\mathscr{I} = 0$ (Nullgarbe über X), so erhält man den k-differenzierbaren Raum $(X, \mathscr{D}^k(X))$. Ist $\mathscr{I} = \mathscr{I}(X)$ die Garbe der auf X verschwindenden k-differenzierbaren Funktionskeime, so heißt $(X, \mathscr{D}^k(X)/\mathscr{I}(X))$ *der zu X gehörige reduzierte k-differenzierbare Raum*. Für jede Idealgarbe $\mathscr{I} \subset \mathscr{D}^k(X)$, die obiger Bedingung a) genügt, gilt: $0 \subset \mathscr{I} \subset \mathscr{I}(X)$. Ist $U \subset \mathbb{R}^n$ offen, so gibt es genau einen k-differenzierbaren Unterraum des $\mathbb{R}^n$, der U als Trägermenge hat, nämlich $(U, \mathscr{D}^k(U))$.

1.17 Definition: Sei $D = (X, \mathscr{D}^k(X)/\mathscr{I})$ ein k-differenzierbarer Unterraum des $\mathbb{R}^n$. Ein Morphismus reell-geringter Räume $\mathfrak{f} = (f, f^*)$ von D in $(\mathbb{R}^m, \mathscr{D}^k(\mathbb{R}^m))$ heißt eine *k-differenzierbare Abbildung von D in den $\mathbb{R}^m$*, wenn es zu jedem $x \in X$ eine Umgebung U im $\mathbb{R}^n$ gibt und eine C^k-Abbildung $F: U \to \mathbb{R}^m$, so daß $\mathfrak{f} | U \cap X$ von F induziert wird, d. h. so daß gilt:

a) $f | U \cap X = F | X$;

b) $f_x^* (\alpha_y) = \overline{\alpha_y \circ F_x}$ für alle $x \in U \cap X$, $\alpha_y \in \mathscr{D}_y^k(\mathbb{R}^m)$, $y = f(x)$.

Dabei bedeutet F_x den Keim der Abbildung F im Punkte x und der Querstrich die Restklassenbildung modulo $\mathscr{I}_x$.
Ist $X' \subset X$ und $\mathfrak{f}: D \to \mathbb{R}^m$ eine k-differenzierbare Abbildung im obigen Sinne, so auch $\mathfrak{f} | X' : D | X' \to \mathbb{R}^m$.

1.18 Lemma: Es bezeichne Mor $(D, \mathbb{R}^m)$ die Menge aller k-differenzierbaren Abbildungen von D in den $\mathbb{R}^m$ und $y_1, \ldots, y_m \in \Gamma(\mathbb{R}^m, \mathscr{D}^k(\mathbb{R}^m))$ seien die Koordinatenfunktionen im $\mathbb{R}^m$. Folgende Abbildung ist bijektiv:

$$\psi: \text{Mor}\,(D, \mathbb{R}^m) \to \Gamma(X, \mathscr{D}^k(X)/\mathscr{I})^m$$
$$\mathfrak{f} = (f, f^*) \mapsto (f^*(y_1), \ldots, f^*(y_m)).$$

Die Abbildung ψ ist mit der Einschränkungsabbildung verträglich, d. h. für $X' \subset X$ gilt: $\psi(\mathfrak{f} | X') = \psi(\mathfrak{f}) | X'$.

Beweis: a) Injektivität: Seien $\mathfrak{f}, \mathfrak{g} \in \text{Mor}(D, \mathbb{R}^m)$ mit $\psi(\mathfrak{f}) = \psi(\mathfrak{g})$. Zu zeigen ist:

$$f(x_0) = g(x_0) \quad \text{und} \quad f_{x_0}^* = g_{x_0}^* \quad \text{für alle } x_0 \in X.$$

Es gibt eine Umgebung U von x_0 im $\mathbb{R}^n$ und C^k-Abbildungen $F = (F^1, \ldots, F^m)$, $G = (G^1, \ldots, G^m): U \to \mathbb{R}^m$, durch die $\mathfrak{f} | U \cap X$ bzw. $\mathfrak{g} | U \cap X$ induziert werden. Nach Voraussetzung gilt:

$$(\overline{F_{x_0}^1}, \ldots, \overline{F_{x_0}^m}) = \psi(\mathfrak{f})\,(x_0) = \psi(\mathfrak{g})\,(x_0) = (\overline{G_{x_0}^1}, \ldots, \overline{G_{x_0}^m}).$$

Hieraus erhält man $F_{x_0}^i - G_{x_0}^i \in \mathscr{I}_{x_0} \subset \mathfrak{m}_{x_0} \subset \mathscr{D}_{x_0}^k$, und daraus folgt $F^i(x_0) = G^i(x_0)$, $1 \leqq i \leqq m$, also $f(x_0) = F(x_0) = G(x_0) = g(x_0)$. Sei $y_0 := f(x_0) = g(x_0)$ und $\alpha_{y_0} \in \mathscr{D}_{y_0}^k(\mathbb{R}^m)$. Zu zeigen ist $f_{x_0}^*(\alpha_{y_0}) = g_{x_0}^*(\alpha_{y_0})$. Es sei $\alpha\,(y_1, \ldots, y_m): W \to \mathbb{R}$ ein Repräsentant von α_{y_0} in einer offenen konvexen Umgebung W von y_0. Dann ist $V := F^{-1}(W) \cap G^{-1}(W)$ eine Umgebung von x_0 im $\mathbb{R}^n$ und $\beta(x, t) := G(x) + t(F(x) - G(x))$ eine C^k-Abbildung von $V \times [0,1]$ in W. Für $x \in V$ gilt:

$$(\alpha \circ F)\,(x) - (\alpha \circ G)\,(x) = \alpha(\beta(x, 1)) - \alpha(\beta(x, 0))$$
$$= \int_0^1 \frac{\partial(\alpha \circ \beta)\,(x, t)}{\partial t}\, dt = \int_0^1 \sum_{i=1}^m \frac{\partial \alpha}{\partial y_i}\,(\beta(x, t)) \cdot (F^i(x) - G^i(x))\, dt$$
$$= \sum_{i=1}^m (F^i - G^i)\,(x) \cdot h^i(x) \quad \text{mit} \quad h^i(x) := \int_0^1 \frac{\partial \alpha}{\partial y_i}\,(\beta(x, t))\, dt.$$

Es folgt:

$$\alpha_{y_0} \circ F_{x_0} - \alpha_{y_0} \circ G_{x_0} = \sum_{i=1}^{m} (F^i_{x_0} - G^i_{x_0})\, h^i_{x_0},$$

wobei

$$F^i_{x_0} - G^i_{x_0} \in \mathscr{I}_{x_0} \quad \text{(siehe oben) und} \quad h^i_{x_0} \in \mathscr{D}^{k-1}_{x_0}.$$

Nach Bedingung b) in 1.15 erhält man hieraus

$$\alpha_{y_0} \circ F_{x_0} - \alpha_{y_0} \circ G_{x_0} \in \mathscr{I}_{x_0},$$

also

$$f^*_{x_0}(\alpha_{y_0}) = \overline{\alpha_{y_0} \circ F_{x_0}} = \overline{\alpha_{y_0} \circ G_{x_0}} = g^*_{x_0}(\alpha_{y_0}).$$

b) Surjektivität: Sei $(s_1, \ldots, s_m) \in \Gamma(X, \mathscr{D}^k(X)/\mathscr{I})^m$ vorgegeben. Nach 1.1 und 1.7 gibt es eine offene Umgebung U von X im $\mathbb{R}^n$ und eine C^k-Abbildung

$$F = (F^1, \ldots, F^m) : U \to \mathbb{R}^m,$$

so daß für $x \in X$ gilt: $s_i(x) = \overline{F^i_x} (1 \leqq i \leqq m)$. Die Abbildung F induziert eine k-differenzierbare Abbildung $\mathfrak{f} : D \to \mathbb{R}^m$, für die nach Konstruktion gilt:

$$\psi(\mathfrak{f}) = (s_1, \ldots, s_m).$$

1.19 Korollar: a) Jede k-differenzierbare Abbildung $\mathfrak{f} : D \to \mathbb{R}^m$ wird bereits von einer einzigen C^k-Abbildung (global) induziert, d. h. es gibt eine Umgebung U von X im $\mathbb{R}^n$ und eine C^k-Abbildung $F : U \to \mathbb{R}^m$, durch die $\mathfrak{f}$ induziert wird.
b) Zwei C^k-Abbildungen $F, G : U \to \mathbb{R}^m$, wo U eine offene Umgebung von X im $\mathbb{R}^n$ ist, induzieren genau dann dieselbe k-differenzierbare Abbildung $D \to \mathbb{R}^m$, wenn für alle $x \in X$ gilt:

$$F^i_x - G^i_x \in \mathscr{I}_x, \; 1 \leqq i \leqq m.$$

Beweis: Die Behauptungen ergeben sich aus 1.18 und aus dessen Beweis.

1.20 Definition: Es seien $D = (X, \mathscr{D}^k(X)/\mathscr{I})$ und $D' = (X', \mathscr{D}^k(X')/\mathscr{I}')$ k-differenzierbare Unterräume des $\mathbb{R}^n$ bzw. des $\mathbb{R}^m$ und $\mathfrak{f} = (f, f^*) : D \to \mathbb{R}^m$ eine k-differenzierbare Abbildung. Gilt $f(X) \subset X'$ und $f^*_x(\alpha_y) = 0$ für alle $x \in X$, $\alpha_y \in \mathscr{I}'_y$, $y = f(x)$, so induziert f^* in kanonischer Weise einen Garbenhomomorphismus

$$\overline{f^*} : f^{-1}(\mathscr{D}^k(X')/\mathscr{I}') \to \mathscr{D}^k(X)/\mathscr{I}.$$

Der Morphismus reell-geringter Räume $(f, \overline{f^*}) : D \to D'$ heißt dann eine *k-differenzierbare Abbildung von D in D'*.

1.21: Aus 1.19, a) folgt: Ein Morphismus reell-geringter Räume $(f, f^*) : D \to D'$ ist genau dann eine k-differenzierbare Abbildung, wenn er (global) durch eine C^k-Abbildung induziert wird, d. h. wenn es eine offene Umgebung U von X im $\mathbb{R}^n$ gibt und eine C^k-Abbildung $F : U \to \mathbb{R}^m$, so daß gilt:

a) $f = F|X$;
b) $\beta_y \circ F_x \in \mathscr{I}_x$ für alle $x \in X$, $\beta_y \in \mathscr{I}'_y$, $y = F(x)$;
c) $f^*_x(\overline{\alpha_y}) = \overline{\alpha_y \circ F_x}$ für alle $x \in X$, $\alpha_y \in \mathscr{D}^k_y(\mathbb{R}^m)$, $y = f(x)$.

Jede C^k-Abbildung $F : U \to \mathbb{R}^m$, $X \subset U$, U offen im $\mathbb{R}^n$, mit der Eigenschaft $F(X) \subset X'$ und mit der Eigenschaft b) induziert eine k-differenzierbare Abbildung $(f, f^*) : D \to D'$, wobei $f = F|X$ und wobei f^* durch c) gegeben wird.

1.22: Sind $\mathfrak{f}: D \to D'$ und $\mathfrak{g}: D' \to D''$ k-differenzierbare Abbildungen, so ist auch der Morphismus $\mathfrak{g} \circ \mathfrak{f}: D \to D''$ eine k-differenzierbare Abbildung. Werden nämlich $\mathfrak{f}$ und $\mathfrak{g}$ durch C^k-Abbildungen F bzw. G induziert, so wird $\mathfrak{g} \circ \mathfrak{f}$ durch die C^k-Abbildung $G \circ F$ induziert. Der identische Morphismus $id_D: D \to D$ ist differenzierbar; er wird durch die C^k-Abbildung $id_{\mathbb{R}^n}$ induziert. Damit wird die Klasse aller k-differenzierbaren Unterräume irgendwelcher $\mathbb{R}^n$ zusammen mit den k-differenzierbaren Abbildungen solcher Unterräume zu einer Kategorie.

1.23 Definition: Es sei $\mathfrak{f} = (f, f^*): D \to D'$ eine k-differenzierbare Abbildung, $D = (X, \mathscr{D}^k(X)/\mathscr{I})$, $D' = (X', \mathscr{D}^k(X')/\mathscr{I}')$. Dann heiße $\mathfrak{f}$

a) *regulär in* x, $x \in X$, wenn f_x^* surjektiv ist;
b) eine *Immersion*, wenn $\mathfrak{f}$ für alle $x \in X$ in x regulär ist;
c) eine *Einbettung*, wenn $\mathfrak{f}$ eine Immersion und $f: X \to f(X)$ ein Homöomorphismus ist.
d) ein *Diffeomorphismus*, wenn $\mathfrak{f}$ ein Isomorphismus in der Kategorie der k-differenzierbaren Unterräume ist, d. h. wenn es eine k-differenzierbare Abbildung $\mathfrak{g}: D' \to D$ gibt mit $\mathfrak{g} \circ \mathfrak{f} = id_D$, $\mathfrak{f} \circ \mathfrak{g} = id_{D'}$; $\mathfrak{g}$ ist dann eindeutig bestimmt, wir schreiben $\mathfrak{g} = \mathfrak{f}^{-1}$.

Ist D' ein k-differenzierbarer Unterraum von D, so ist die durch $id_{\mathbb{R}^n}$ induzierte kanonische k-differenzierbare Abbildung $D' \to D$ eine Einbettung.

1.24: Seien $\mathfrak{f}: D \to D'$ und $\mathfrak{g}: D' \to D''$ k-differenzierbare Abbildungen. Dann gilt: Ist $\mathfrak{f}$ regulär in x und $\mathfrak{g}$ regulär in $f(x)$, so ist $\mathfrak{g} \circ \mathfrak{f}$ regulär in x. Sind $\mathfrak{f}$ und $\mathfrak{g}$ Einbettungen, so ist auch $\mathfrak{g} \circ \mathfrak{f}$ eine Einbettung.

§ 2 Tangenten an differenzierbare Unterräume des $\mathbb{R}^n$ und Differentiale von Abbildungen

2.1 Definition: Sei $D = (X, \mathscr{D}^k(X)/\mathscr{I})$ ein k-differenzierbarer Unterraum des $\mathbb{R}^n$ und $x \in X$. Dann heißt:

$$T_x(D) := \{y \in \mathbb{R}^n; \quad d\alpha_x(y) = 0 \quad \text{für alle} \quad \alpha_x \in \mathscr{I}_x\}$$

der *Tangentialraum an* D *in* x. Es ist $T_x(D) \subset \mathbb{R}^n$ ein Untervektorraum. Seine Elemente heißen *Tangentialvektoren an* D *in* x, seine Dimension heißt *Tangentialdimension von* D *in* x. Für C^k-Untermannigfaltigkeiten des $\mathbb{R}^n$, versehen mit der zugehörigen reduzierten Strukturgarbe, stimmt diese Definition des Tangentialraumes mit der üblichen überein. Ist $D' = (X', \mathscr{D}^k(X')/\mathscr{I}')$ ein k-differenzierbarer Unterraum von D, so ist $T_x(D')$ ein Untervektorraum von $T_x(D)$, $x \in X'$.

2.2 Lemma: Sei $D = (X, \mathscr{D}^k(X)/\mathscr{I})$ ein k-differenzierbarer Unterraum des $\mathbb{R}^n$, $x \in X$ und $m = \dim T_x(D)$ die Tangentialdimension von D in x. Dann gibt es eine Umgebung U von x im $\mathbb{R}^n$ und eine m-dimensionale C^k-Untermannigfaltigkeit M von U, so daß $D | U \cap X$ ein k-differenzierbarer Unterraum von M ist (M aufgefaßt als reduzierter Unterraum des $\mathbb{R}^n$).

Beweis: Man betrachte die lineare Abbildung

$$L: \mathscr{I}_x \to \mathbb{R}^n, \quad \alpha_x \mapsto d\alpha_x.$$

Der Vektorraum $L(\mathscr{I}_x)$ ist das orthogonale Komplement von $T_x(D)$ bzgl. des natürlichen Skalarprodukts im $\mathbb{R}^n$, und folglich gilt $\dim L(\mathscr{I}_x) = n - m$. Ohne Einschränkung darf man $m < n$ annehmen (im Falle $m = n$ setzt man $M = \mathbb{R}^n$). Sei $\{b_j;\, m+1 \leqq j \leqq n\}$ eine Basis von $L(\mathscr{I}_x)$. Dann gibt es Funktionskeime $\beta^j_x \in \mathscr{I}_x$ mit $d\beta^j_x = b_j$. Man wähle in einer Umgebung V von x Repräsentanten β^j von β^j_x, so daß für alle $y \in V \cap X$ gilt: $\beta^j_y \in \mathscr{I}_y$, also insbesondere $\beta^j(y) = 0$. Da die b_j linear unabhängig sind, hat die Funktionalmatrix der Abbildung $(\beta^{m+1}, \ldots, \beta^n): V \to \mathbb{R}^{n-m}$ im Punkte x den Rang $n - m$. Es gibt deshalb eine offene Umgebung U von x, $U \subset V$, und C^k-Funktionen $\beta^1, \ldots, \beta^m$ auf U, so daß durch $\beta^1, \ldots, \beta^m, \beta^{m+1}, \ldots, \beta^n$ in U neue differenzierbare Koordinaten gegeben sind. Insbesondere wird durch die Gleichung $\beta^{m+1} = \ldots = \beta^n = 0$ eine m-dimensionale C^k-Untermannigfaltigkeit M von U definiert. Für $y \in X \cap U$ gilt $\beta^j(y) = 0$, $m+1 \leqq j \leqq n$, also folgt $X \cap U \subset M$. Bleibt zu zeigen: $\mathscr{I}(M)_y \subset \mathscr{I}_y$ für $y \in X \cap U$ ($\mathscr{I}(M)$ = Garbe der auf M verschwindenden C^k-Funktionskeime). Sei $\alpha_y \in \mathscr{I}(M)_y$ und α ein Repräsentant von α_y. Da die Funktion α in einer Umgebung von y auf M verschwindet, läßt sie sich bzgl. der Koordinaten β^j lokal in der folgenden Form entwickeln:

$$\alpha = \sum_{j=m+1}^{n} \gamma^j \cdot \beta^j, \quad \gamma^j \quad \text{Funktionen der Klasse } C^{k-1}.$$

Es folgt:

$$\alpha_y = \sum_{j=m+1}^{n} \gamma^j_y \cdot \beta^j_y, \quad \gamma^j_y \in \mathscr{D}^{k-1}_y, \quad \alpha_y \in \mathscr{D}^k_y.$$

Wegen $\beta^j_y \in \mathscr{I}_y$ folgt hieraus mit Hilfe von 1.15, b): $\alpha_y \in \mathscr{I}_y$.

2.3 Korollar: Unter den Voraussetzungen von 2.2 gibt es eine Umgebung U von x im $\mathbb{R}^n$, so daß eine Einbettung $D \mid U \cap X \to \mathbb{R}^m$ existiert.

Beweis: Man wähle U und M wie in 2.2. Durch Verkleinerung von U läßt sich erreichen, daß eine Einbettung $M \to \mathbb{R}^m$ existiert. Zusammen mit der kanonischen Einbettung $D \mid U \cap X \to M$ erhält man dann eine Einbettung $D \mid U \cap X \to M \to \mathbb{R}^m$ von $D \mid U \cap X$ in den $\mathbb{R}^m$. (Im Falle $m = 0$ setze man $\mathbb{R}^\circ = \{0\}$, $\mathscr{D}^k(\mathbb{R}^\circ) = \mathbb{R}$.)

2.4 Definition: Es seien $D = (X, \mathscr{D}^k(X)/\mathscr{I})$ und $D' = (X', \mathscr{D}^k(X')/\mathscr{I}')$ k-differenzierbare Unterräume des $\mathbb{R}^n$ bzw. des $\mathbb{R}^m$ und $\mathfrak{f}: D \to D'$ eine k-differenzierbare Abbildung. In einer Umgebung U von x im $\mathbb{R}^n$ werde $\mathfrak{f}$ durch die C^k-Abbildung $F: U \to \mathbb{R}^m$ induziert. Dann heißt die lineare Abbildung $d\mathfrak{f}_x := dF_x \mid T_x(D)$ das *Differential von* $\mathfrak{f}$ *in* x.
Die Definition von $d\mathfrak{f}_x$ hängt nicht von der Wahl von F ab. Wird nämlich $\mathfrak{f} \mid U \cap X$ auch durch eine zweite C^k-Abbildung $G: U \to \mathbb{R}^m$ induziert, so folgt nach 1.19, b):

$$F^i_x - G^i_x \in \mathscr{I}_x, \quad 1 \leqq i \leqq m.$$

Also gilt für alle $y \in T_x(D)$ nach 2.1:

$$d(F^i - G^i)_x(y) = 0, \quad \text{das heißt} \quad dF_x(y) = dG_x(y).$$

Es gilt ferner:

$$d\mathfrak{f}_x(T_x(D)) \subset T_{f(x)}(D').$$

Sei nämlich $x' := f(x)$ und $y \in T_x(D)$. Dann gilt für alle $\alpha_{x'} \in \mathscr{I}'_{x'}$:

$$\alpha_{x'} \circ F_x \in \mathscr{I}_x, \quad \text{also} \quad 0 = d(\alpha_{x'} \circ F_x)(y) = d\alpha_{x'}(dF_x(y)).$$

Das bedeutet $dF_x(y) \in T_{x'}(D')$.

2.5: a) Sind $\mathfrak{f}: D \to D'$, $\mathfrak{g}: D' \to D$ k-differenzierbare Abbildungen, so gilt:

$$d(\mathfrak{g} \circ \mathfrak{f})_x = d\mathfrak{g}_{f(x)} \circ d\mathfrak{f}_x.$$

Es ist $d(id_D)_x = id_{T(D)_x}$.

b) Ist $\mathfrak{f}: D \to D'$ ein Diffeomorphismus, so ist $d\mathfrak{f}_x : T_x(D) \to T_{f(x)}(D')$ ein Isomorphismus.

2.6 Lemma: Sei $\mathfrak{f}: D \to D'$ eine k-differenzierbare Abbildung; D,D' wie in 2.4. Für $x \in X$ gilt:
$\mathfrak{f}$ ist regulär in x genau dann, wenn $d\mathfrak{f}_x$ injektiv ist.

Beweis: In einer Umgebung V von x werde $\mathfrak{f}$ durch eine C^k-Abbildung $F: V \to \mathbb{R}^m$ induziert, und es sei $x' := f(x)$.

a) $\mathfrak{f}$ sei regulär in x, d. h. f_x^* surjektiv. Es sei $y \in T_x(D)$ vorgegeben mit

$$d\mathfrak{f}_x(y) = dF_x(y) = 0.$$

Dann ist zu zeigen: $y = 0$.

Für $\alpha_{x'} \in \mathcal{D}_{x'}^k(\mathbb{R}^m)$ gilt:

$$d(\alpha_{x'} \circ F_x)(y) = d\alpha_{x'}(dF_x(y)) = 0.$$

Ferner hat man für jedes $\beta_x \in \mathcal{I}_x$ nach 2.1:

$$d\beta_x(y) = 0.$$

Wegen der Surjektivität von f_x^* läßt sich jedes $\alpha_x \in \mathcal{D}_x^k$ in der Form $\alpha_x = \alpha_{x'} \circ F_x + \beta_x$ schreiben; $\alpha_{x'} \in \mathcal{D}_{x'}^k(\mathbb{R}^m)$, $\beta_x \in \mathcal{I}_x$. Folglich ist $d\alpha_x(y) = 0$ für alle $\alpha_x \in \mathcal{D}_x^k$; das bedeutet $y = 0$.

b) $d\mathfrak{f}_x$ sei injektiv. Ist $r = \dim T_x(D)$, so existiert nach 2.2 eine Umgebung U von x im $\mathbb{R}^n$ und eine r-dimensionale C^k-Untermannigfaltigkeit M von U, so daß $D | U \cap X$ Unterraum von M ist. Dann ist $T_x(D)$ Untervektorraum von $T_x(M)$ (= Tangentialraum an M in x im üblichen Sinne), und aus Dimensionsgründen folgt $T_x(D) = T_x(M)$. Nach Voraussetzung ist also dF_x injektiv auf $T_x(M)$. Wie aus der Differentialtopologie bekannt ist, induziert dann F – nach eventueller Verkleinerung von U – eine Einbettung von M in den $\mathbb{R}^m$. Da $D | U \cap X$ Unterraum von M ist, induziert F auch eine Einbettung $D | U \cap X \to \mathbb{R}^m$. Folglich ist $\mathfrak{f} | U \cap X$ eine Einbettung und insbesondere $\mathfrak{f}$ regulär in x.

2.7 Korollar: Ist $\mathfrak{f}$ regulär in x, so gibt es eine Umgebung U von x derart, daß $\mathfrak{f} | U \cap X$ eine Einbettung ist.

Beweis: Ist $\mathfrak{f}$ regulär in x, so ist $d\mathfrak{f}_x$ injektiv. Die Behauptung folgt dann aus Teil b) des Beweises zu 2.6.

2.8 Definition: Unter der *Einbettungsdimension von $D = (X, \mathcal{D}^k(X)/\mathcal{I})$ im Punkte* $x \in X$ versteht man die kleinste Zahl $m \geqq 0$ derart, daß es eine Umgebung U von x und eine Einbettung $D | U \cap X \to \mathbb{R}^m$ gibt. Wir schreiben dann $m = \operatorname{einbdim}_x(D)$.

2.9 Lemma: $\operatorname{einbdim}_x(D) = \dim T_x(D)$.

Beweis: Aus 2.3 folgt $\operatorname{einbdim}_x(D) \leqq \dim T_x(D)$. Sei $\operatorname{einbdim}_x(D) = m$. Es gibt dann eine Einbettung $\mathfrak{f}: D | U \cap X \to \mathbb{R}^m$, $x \in U$. Insbesondere ist $\mathfrak{f}$ regulär in x, und somit ist nach 2.6 die lineare Abbildung $d\mathfrak{f}_x : T_x(D) \to T_{f(x)}(\mathbb{R}^m) = \mathbb{R}^m$ injektiv. Daraus folgt $\dim T_x(D) \leqq \dim(\mathbb{R}^m) = m$.

2.10 Lemma: Sei $D = (X, \mathcal{D}^k(X)/\mathcal{I})$ ein k-differenzierbarer Unterraum des $\mathbb{R}^n$ und $\mathfrak{f}: D \to \mathbb{R}^m$ eine Einbettung. Dann existiert ein eindeutig bestimmter k-differenzierbarer Unterraum D' des $\mathbb{R}^m$ derart, daß $\mathfrak{f}$ einen Diffeomorphismus $D \to D'$ induziert.

Beweis: Notwendigerweise muß gelten: $D' := (X', \mathcal{D}^k(X')/\mathcal{I}')$ mit $X' := f(X)$; $\mathcal{I}'_{x'} := \{\alpha_{x'} \in \mathcal{D}^k_{x'}(\mathbb{R}^m); f^*(\alpha_{x'}) = 0\}$, $x' \in X'$.
Damit ist D' zunächst ein reell-geringter Raum, und $\mathfrak{f}$ induziert nach Konstruktion einen Isomorphismus geringter Räume $\bar{\mathfrak{f}}: D \to D'$. Bleibt zu zeigen: a) D' ist ein k-differenzierbarer Unterraum des $\mathbb{R}^m$, b) $\bar{\mathfrak{f}}$ ist ein Diffeomorphismus. Sei W eine Umgebung von X im $\mathbb{R}^n$ und $F: W \to \mathbb{R}^m$ eine C^k-Abbildung, die $\mathfrak{f}$ induziert (vgl. 1.21).
zu a): Für $x' \in X'$, $x' = f(x)$ gilt nach Konstruktion:

$$\mathcal{I}'_{x'} = \{\alpha_{x'} \in \mathcal{D}^k_{x'}(\mathbb{R}^m); \quad \alpha_{x'} \circ F_x \in \mathcal{I}_x\}.$$

Ist also

$$\alpha_{x'} \in \mathcal{I}'_{x'} \cdot \mathcal{D}^{k-1}_{x'} \cap \mathcal{D}^k_{x'}, \quad \text{so folgt} \quad \alpha_{x'} \circ F_x \in \mathcal{I}_x \cdot \mathcal{D}^{k-1}_x \cap \mathcal{D}^k_x = \mathcal{I}_x$$

und daher $\alpha_{x'} \in \mathcal{I}'_{x'}$. Folglich ist $\mathcal{I}'_{x'} \cdot \mathcal{D}^{k-1}_{x'} \cap \mathcal{D}^k_{x'} = \mathcal{I}'_{x'}$. Offenbar ist auch $\mathcal{I}'_{x'} \neq \mathcal{D}^k_{x'}$. Somit erfüllt $\mathcal{I}'$ die Bedingungen a) und b) in 1.15.

zu b): Da $\bar{\mathfrak{f}}$ ein Isomorphismus geringter Räume ist, genügt es, zu jedem $x_0 \in X$ eine Umgebung U anzugeben, so daß $\bar{\mathfrak{f}} \mid U \cap X$ ein Diffeomorphismus $D \mid U \cap X \to D' \mid f(U \cap X)$ ist. Der Morphismus $\bar{\mathfrak{f}} \mid U \cap X$ wird nach Konstruktion durch F induziert, ist also eine k-differenzierbare Abbildung. Es sei $r = \dim T_{x_0}(D)$. Nach 2.2 existiert eine Umgebung U von x_0 im $\mathbb{R}^n$ und eine r-dimensionale C^k-Untermannigfaltigkeit M von U, so daß $D \mid U \cap X$ Unterraum von M ist. Da $\mathfrak{f}$ in x_0 regulär ist, ist dF_{x_0} injektiv auf $T_{x_0}(M) = T_{x_0}(D)$. Nach Verkleinerung von U und M darf man deshalb annehmen, daß F einen Diffeomorphismus von M auf eine r-dimensionale C^k-Untermannigfaltigkeit M' des $\mathbb{R}^m$ induziert. Die Umkehrabbildung von $F \mid M$ wird dann durch eine C^k-Abbildung $G: U' \to \mathbb{R}^n$ induziert, wo U' eine geeignete Umgebung von M' im $\mathbb{R}^m$ ist. Es ist $D' \mid f(U \cap X)$ Unterraum von M'; denn es gilt $f(U \cap X) \subset F(M) = M'$, und für $x' \in f(U \cap X)$, $x' = f(x)$, $\alpha_{x'} \in \mathcal{I}(M')_{x'}$ hat man $\alpha_{x'} \circ F_x \in \mathcal{I}(M)_x \subset \mathcal{I}_x$, also $\alpha_{x'} \in \mathcal{I}'_{x'}$ nach Konstruktion von $\mathcal{I}'$, und somit ist $\mathcal{I}(M')_{x'} \subset \mathcal{I}'_{x'}$. Ferner wird durch G eine k-differenzierbare Abbildung $\mathfrak{g}: D' \mid f(U \cap X) \to D \mid U \cap X$ induziert; denn es ist $G(f(U \cap X)) = U \cap X$, und ferner gilt für $x' = f(x) \in f(U \cap X)$ und $\beta_x \in \mathcal{I}_x$ nach Konstruktion von $G: \beta_x \circ (G_{x'} \circ F_x) \equiv \beta_x \mod \mathcal{I}(M)_x$, also $(\beta_x \circ G_{x'}) \circ F_x \in \mathcal{I}_x$ wegen $\mathcal{I}(M)_x \subset \mathcal{I}_x$, und daraus folgt $\beta_x \circ G_{x'} \in \mathcal{I}'_{x'}$. Nach Konstruktion induzieren die C^k-Abbildungen $G \circ F$ und $F \circ G$ die Identität auf M bzw. auf M', also induzieren sie auch die Identität auf dem Unterraum $D \mid U \cap X$ von M bzw. auf dem Unterraum $D' \mid f(U \cap X)$ von M'. Folglich ist $\mathfrak{g}$ der zu $\bar{\mathfrak{f}} \mid U \cap X$ inverse Morphismus, d. h. $\bar{\mathfrak{f}} \mid U \cap X$ ist ein Diffeomorphismus.

2.10 bleibt auch dann richtig, wenn man den $\mathbb{R}^m$ durch einen beliebigen k-differenzierbaren Unterraum D'' des $\mathbb{R}^m$ ersetzt. Der Beweis für diesen allgemeinen Fall verläuft analog.

Im folgenden identizieren wir die Menge der k-differenzierbaren Abbildungen $D \to \mathbb{R}^m$, $D = (X, \mathcal{D}^k(X)/\mathcal{I})$, vermöge 1.18 mit den Elementen von $\Gamma(X, \mathcal{D}^k(X)/\mathcal{I})^m$.

2.11 Lemma: Es seien $\mathfrak{f}: D \to \mathbb{R}^m$, $\mathfrak{g}: D \to \mathbb{R}^t$ zwei k-differenzierbare Abbildungen, $\mathfrak{f} = (s_1, \ldots, s_m) \in \Gamma(X, \mathcal{D}^k(X)/\mathcal{I})^m$, $\mathfrak{g} = (r_1, \ldots, r_t) \in \Gamma(X, \mathcal{D}^k(X)/\mathcal{I})^t$. Ist $\mathfrak{f}$ regulär in $x \in X$, so ist auch die Abbildung $(\mathfrak{f}, \mathfrak{g}): D \to \mathbb{R}^{m+t}$ regulär in x, die definiert wird durch

$$(\mathfrak{f}, \mathfrak{g}) := (s_1, \ldots, s_m, r_1, \ldots, r_t) \in \Gamma(X, \mathcal{D}^k(X)/\mathcal{I})^{m+t}.$$

Beweis: Sei U eine Umgebung von X im $\mathbb{R}^n$, und $F: U \to \mathbb{R}^m$, $G: U \to \mathbb{R}^t$ seien zwei C^k-Abbildungen, die $\mathfrak{f}$ bzw. $\mathfrak{g}$ induzieren. Dann wird $(\mathfrak{f}, \mathfrak{g})$ durch die C^k-Abbildung $(F, G): U \to \mathbb{R}^{m+t}$ induziert. Ist dF_x injektiv auf $T_x(D)$, $x \in X$, so ist auch $d(F, G)_x = (dF_x, dG_x)$ injektiv auf $T_x(D)$. Daraus folgt mit Hilfe von 2.6 die Behauptung.

§ 3 k-differenzierbare Räume und differenzierbare Abbildungen

3.1: Es sei $A = (X, \mathscr{A})$ ein reell-geringter Raum. Ein Tripel $(U, \mathfrak{g}, D)$ heißt *k-differenzierbare Karte von A (im $\mathbb{R}^n$)*, wenn gilt:

a) $U \subset X$ ist eine offene Teilmenge;
b) D ist ein k-differenzierbarer Unterraum des $\mathbb{R}^n$;
c) $\mathfrak{g} = (g, g^*): A \mid U \to D$ ist ein Isomorphismus geringter Räume.

Zwei k-differenzierbare Karten $(U, \mathfrak{g}, D)$ und $(U', \mathfrak{g}', D')$ von A heißen (differenzierbar) *verträglich*, wenn gilt $U \cap U' = \varnothing$ oder wenn der Morphismus

$$\mathfrak{g}' \circ \mathfrak{g}^{-1} \mid g(U \cap U'): D \mid g(U \cap U') \to D' \mid g'(U \cap U')$$

ein Diffeomorphismus ist.

Eine Kollektion $\mathfrak{U} = \{(U_i, \mathfrak{g}_i, D_i);\ i \in I\}$ von paarweise verträglichen k-differenzierbaren Karten heißt *k-differenzierbarer Atlas von A*, wenn gilt $X = \bigcup_{i \in I} U_i$. Der Atlas $\mathfrak{U}$ heißt eine *k-differenzierbare Struktur auf A*, wenn er maximal ist, d. h. wenn es keinen von $\mathfrak{U}$ verschiedenen Atlas von A gibt, der alle Karten aus $\mathfrak{U}$ enthält. Jeder k-differenzierbare Atlas $\mathfrak{U}$ von A induziert eine k-differenzierbare Struktur $\mathfrak{B}$ auf A. Dabei besteht $\mathfrak{B}$ genau aus allen k-differenzierbaren Karten von A, die mit jeder Karte aus $\mathfrak{U}$ verträglich sind. Zwei Atlanten $\mathfrak{U}$, $\mathfrak{U}'$ von A induzieren genau dann dieselbe Struktur auf A, wenn jede Karte aus $\mathfrak{U}$ mit jeder Karte aus $\mathfrak{U}'$ verträglich ist.
Ist im folgenden eine k-differenzierbare Struktur $\mathfrak{B}$ vorgegeben, so soll unter einem Atlas von A stets ein solcher verstanden werden, dessen Karten zu $\mathfrak{B}$ gehören, und wenn von einer differenzierbaren Karte gesprochen wird, so soll stets eine Karte aus $\mathfrak{B}$ gemeint sein.

3.2 Definition: Ein reell-geringter Raum $A = (X, \mathscr{A})$ zusammen mit einer k-differenzierbaren Struktur $\mathfrak{B}$ auf A heißt ein k-differenzierbarer Raum.

3.3 Definition: Ein Morphismus $\mathfrak{f} = (f, f^*): A \to B$ zweier k-differenzierbarer Räume A und B heißt eine *k-differenzierbare Abbildung*, wenn für je zwei k-differenzierbare Karten $(U, \mathfrak{g}, D)$ und $(U', \mathfrak{g}', D')$ von A bzw. von B mit $f^{-1}(U') \cap U \neq \varnothing$ der Morphismus

$$(*)\ \mathfrak{g}' \circ \mathfrak{f} \circ \mathfrak{g}^{-1}: D \mid g(f^{-1}(U') \cap U) \to D'$$

eine k-differenzierbare Abbildung ist.

Der Morphismus $\mathfrak{f}$ ist bereits dann eine C^k-Abbildung, wenn der Morphismus (*) differenzierbar ist für alle Karten $(U, \mathfrak{g}, D)$ aus einem Atlas von A und alle Karten $(U', \mathfrak{g}', D')$ aus einem Atlas von B. Man kann also die Differenzierbarkeit von $\mathfrak{f}$ mit Hilfe beliebiger Atlanten testen.

3.4: In völliger Analogie zu 1.23 soll definiert sein, wann die k-differenzierbare Abbildung $\mathfrak{f}: A \to B$ in einem Punkt *regulär* ist und wann $\mathfrak{f}$ eine *Immersion*, eine *Einbettung* oder ein *Diffeomorphismus* heißt.

Jeder k-differenzierbare Unterraum $D = (X, \mathscr{D}^k(X)/\mathscr{I})$ des $\mathbb{R}^n$ läßt sich in kanonischer Weise als k-differenzierbarer Raum auffassen. Die differenzierbare Struktur auf D ist gegeben durch den aus einer einzigen Karte bestehenden Atlas $\{(X, id_D, D)\}$. Die Definition 3.2 ist also eine Verallgemeinerung von 1.15. Entsprechend ist Definition 3.3 eine Verallgemeinerung von 1.20.

3.5: Ist $A = (X, \mathscr{A})$ ein k-differenzierbarer Raum und $Y \subset X$ eine Teilmenge, so besitzt auch $A|Y$ eine k-differenzierbare Struktur derart, daß der kanonische Morphismus $A|Y \to A$ eine (differenzierbare) Einbettung ist. Ist $\mathfrak{f}: A \to B$ eine k-differenzierbare Abbildung, so ist auch $\mathfrak{f}|Y: A|Y \to B$ eine k-differenzierbare Abbildung.

3.6 Lemma: $A = (X, \mathscr{A})$ sei ein k-differenzierbarer Raum, Mor $(A, \mathbb{R}^m)$ bezeichne die Menge der k-differenzierbaren Abbildungen $A \to \mathbb{R}^m = (\mathbb{R}^m, \mathscr{D}^k(\mathbb{R}^m))$ und $y_1, \ldots, y_m \in \Gamma(\mathbb{R}^m, \mathscr{D}^k)$ die Koordinatenfunktionen im $\mathbb{R}^m$. Die folgende Abbildung ist bijektiv:

$$\psi: \text{Mor}\,(A, \mathbb{R}^m) \to \Gamma(X, \mathscr{A})^m$$
$$\mathfrak{f} = (f, f^*) \mapsto (f^*(y_1), \ldots, f^*(y_m)).$$

Beweis: a) Injektivität: Seien $\mathfrak{f}, \mathfrak{g} \in \text{Mor}\,(A, \mathbb{R}^m)$ mit $\psi(\mathfrak{f}) = \psi(\mathfrak{g})$. Da A lokal diffeomorph zu einem k-differenzierbaren Unterraum eines $\mathbb{R}^n$ ist, gibt es dann nach 1.18 zu jedem $x \in X$ eine Umgebung U derart, daß gilt $\mathfrak{f}|U = \mathfrak{g}|U$. Daraus folgt $\mathfrak{f} = \mathfrak{g}$.
b) Surjektivität: Sei $(s_1, \ldots, s_m) \in \Gamma(X, \mathscr{A})^m$ vorgegeben. Ist $\{(U_i, \mathfrak{g}_i, D_i); i \in I\}$ ein k-differenzierbarer Atlas von A, dann existieren nach 1.18 k-differenzierbare Abbildungen $\mathfrak{f}_i: A|U_i \to \mathbb{R}^m$ mit $f_i^*(y_j) = s_j|U_i$, $1 \leqq j \leqq m$. Für $i_1, i_2 \in I$ mit $U_{i_1} \cap U_{i_2} \neq \varnothing$ erhält man, indem man Teil a) auf den Raum $A|U_{i_1} \cap U_{i_2}$ anwendet: $\mathfrak{f}_{i_1}|U_{i_1} \cap U_{i_2} = \mathfrak{f}_{i_2}|U_{i_1} \cap U_{i_2}$. Durch die Kollektion $\{\mathfrak{f}_i; i \in I\}$ ist folglich eine k-differenzierbare Abbildung $\mathfrak{f}: A \to \mathbb{R}^m$ gegeben, für die nach Konstruktion gilt: $\psi(\mathfrak{f}) = (s_1, \ldots, s_m)$.
Im folgenden soll Mor $(A, \mathbb{R}^m)$ vermöge ψ mit $\Gamma(X, \mathscr{A})^m$ identifiziert werden.

3.7 Lemma: Es seien $\mathfrak{f}: A \to \mathbb{R}^m$, $\mathfrak{g}: A \to \mathbb{R}^t$ zwei k-differenzierbare Abbildungen, $A = (X, \mathscr{A})$, $\mathfrak{f} = (s_1, \ldots, s_m) \in \Gamma(X, \mathscr{A})^m$, $\mathfrak{g} = (r_1, \ldots, r_t) \in \Gamma(X, \mathscr{A})^t$. Die k-differenzierbare Abbildung $(\mathfrak{f}, \mathfrak{g}): A \to \mathbb{R}^{m+t}$ werde definiert durch

$$(\mathfrak{f}, \mathfrak{g}) := (s_1, \ldots, s_m, r_1, \ldots, r_t) \in \Gamma(X, \mathscr{A})^{m+t}.$$

Dann gilt:

a) Ist $\mathfrak{f}$ regulär in $x \in X$, so auch $(\mathfrak{f}, \mathfrak{g})$.
b) Ist $\mathfrak{f}$ eine Einbettung, so auch $(\mathfrak{f}, \mathfrak{g})$.

Beweis: a) Die Aussage ist von lokaler Natur und folgt unmittelbar aus 2.11.
b) Sei $\mathfrak{h} := (\mathfrak{f}, \mathfrak{g})$, $\mathfrak{h} = (h, h^*)$, $\mathfrak{f} = (f, f^*)$, $\mathfrak{g} = (g, g^*)$. Die Abbildung $h: X \to \mathbb{R}^{m+t}$ wird gegeben durch $x \mapsto (f(x), g(x))$. Ist $\mathfrak{f}$ eine Einbettung, so ist $\mathfrak{f}$ regulär in jedem Punkt und $f: X \to f(X)$ ein Homöomorphismus. Nach a) ist dann auch $\mathfrak{h}$ regulär in jedem Punkt, und ferner ist auch die Abbildung $h = (f, g): X \to h(X)$ ein Homöomorphismus, d. h. $\mathfrak{h}$ ist eine Einbettung.

3.8 Lemma: Ist $\mathfrak{f}: A \to \mathbb{R}^m$ eine Einbettung, $A = (X, \mathscr{A})$, so existiert (genau) ein k-differenzierbarer Unterraum D des $\mathbb{R}^m$ derart, daß $\mathfrak{f}$ einen Diffeomorphismus $A \to D$ induziert.

Beweis: Sei $D := (Y, \mathscr{D}^k(\mathbb{R}^m)/\mathscr{I})$ mit $Y := f(X)$, $\mathscr{I}_y := \{\alpha_y \in \mathscr{D}^k_y; f^*(\alpha_y) = 0\}$, $y \in Y$. Dann induziert $\mathfrak{f}$ einen Isomorphismus geringter Räume $\bar{\mathfrak{f}}: A \to D$. Es bleibt zu zeigen, daß D ein k-differenzierbarer Unterraum des $\mathbb{R}^m$ ist und $\bar{\mathfrak{f}}$ ein Diffeomorphismus. Dieses Problem ist jetzt lokal und wird gelöst durch den Beweis zu 2.10.

§ 4 Einbettung differenzierbarer Räume in den $\mathbb{R}^{(n+1)^2}$

4.1: Ist X ein metrischer topologischer Raum mit abzählbarer Basis, so bezeichne $\dim_x X$ die (induktive) *topologische Dimension von X im Punkte x*, $x \in X$, und $\dim X := \sup\{\dim_x X;\ x \in X\}$ die *topologische Dimension von X* (vgl. [3], p. 24).
Ist $\mathfrak{U} = \{U_i\}$ eine Überdeckung von X, so heißt $\mathfrak{U}$ *von der Ordnung* $\leqq n$ wenn der Durchschnitt von je $n+1$ verschiedenen Mengen $U_1, \ldots, U_{n+1} \in \mathfrak{U}$ leer ist.

4.2 Lemma: Genau dann gilt $\dim X \leqq n$, wenn jede offene Überdeckung von X eine lokalendliche offene Verfeinerung der Ordnung $\leqq n+1$ besitzt.

Beweis: siehe [6], p. 23, Corollary und p. 90 Theorem IV. 1.

4.3 Lemma: Ist $\dim X \leqq n$, X ein metrischer Raum mit abzählbarer Basis, so existiert zu jeder offenen Überdeckung $\mathfrak{U}$ von X eine lokalendliche offene Verfeinerung $\mathfrak{W}$,

$$\mathfrak{W} = \{W_r^i;\ 1 \leqq r \leqq n+1,\ i \in \mathbb{N}\},$$

derart, daß für alle $i, j \in \mathbb{N}$, $i \neq j$, gilt: $W_r^i \cap W_r^j = \emptyset$, $1 \leqq r \leqq n+1$.

Beweis: Wegen $\dim X \leqq n$ existiert nach 4.3 zu $\mathfrak{U}$ eine lokalendliche offene Verfeinerung $\mathfrak{V}$ der Ordnung $\leqq n+1$. Da X eine abzählbare Basis besitzt, darf man $\mathfrak{V}$ als abzählbar annehmen:
$\mathfrak{V} = \{V_j, j \in \mathbb{N}\}$. Da $\mathfrak{V}$ lokalendlich ist und X normal (da metrisch), gibt es bzgl. $\mathfrak{V}$ eine stetige Partition der Eins, d. h. es gibt stetige Funktionen $\varphi_j : X \to \mathbb{R}$ mit $0 \leqq \varphi_j \leqq 1$, Träger $\varphi_j \subset V_j$ und

$$\sum_{j \in \mathbb{N}} \varphi_j = 1 \qquad \text{(vgl. [10], p. 88, Satz 3).}$$

Für $1 \leqq r \leqq n+1$ sei

$$F_r := \{\{j_1, \ldots, j_r\};\ j_\lambda \in \mathbb{N}, j_\lambda \neq j_\mu \quad \text{für} \quad \lambda \neq \mu\},$$

und für $\alpha_r := \{j_1, \ldots, j_r\} \in F_r$ setzen wir

$$W_r^{\alpha_r} := \{x \in X;\ \varphi_k(x) < \varphi_j(x) \quad \text{für alle} \quad j \in \alpha_r,\ k \notin \alpha_r\}.$$

Dann erfüllt das System $\mathfrak{W} := \{W_r^{\alpha_r};\ 1 \leqq r \leqq n+1,\ \alpha_r \in F_r\}$ die Bedingungen des Lemmas:
Da das System $\{\text{Träger } \varphi_j\}$ lokalendlich ist, läßt sich $W_r^{\alpha_r}$ lokal durch endlich viele Ungleichungen zwischen stetigen Funktionen beschreiben und ist folglich eine offene Menge. Wegen $\sum \varphi_j = 1$, $\mathrm{Tr}(\varphi_j) \subset V_j$ und Ordnung $\mathfrak{V} \leqq n+1$ gibt es zu $x_0 \in X$ mindestens einen, aber höchstens $n+1$ verschiedene Indizes $j_1, \ldots, j_r \in \mathbb{N}$ mit $\varphi_{j_\lambda}(x_0) > 0$. Setzt man $\alpha_r := \{j_1, \ldots, j_r\}$, so gilt für $j \notin \alpha_r : \varphi_j(x_0) = 0 < \varphi_{j_\lambda}(x_0)$, d. h. $x_0 \in W_r^{\alpha_r}$.
Also ist $\mathfrak{W}$ eine offene Überdeckung von X. Ferner ist $\mathfrak{W}$ eine Verfeinerung von $\mathfrak{V}$ und damit auch von $\mathfrak{U}$; denn für $W_r^{\alpha_r} \in \mathfrak{W}$, $j \in \alpha_r$ gilt nach Konstruktion: $W_r^{\alpha_r} \subset \mathrm{Tr}(\varphi_j) \subset V_j$.
Außerdem ist $\mathfrak{W}$ lokalendlich. Zu $x_0 \in X$ existiert nämlich eine Umgebung U, in der alle φ_j verschwinden bis auf endlich viele Ausnahmen $\varphi_{j_1}, \ldots, \varphi_{j_m}$. Dann wird U nur von denjenigen endlich vielen Mengen $W_r^{\alpha_r} \in \mathfrak{W}$ geschnitten, für die gilt $\alpha_r \subset \{j_1, \ldots j_m\}$.
Schließlich ist $W_r^{\alpha_r} \cap W_r^{\beta_r} = \emptyset$ für $\alpha_r \neq \beta_r$. Zu $\alpha_r, \beta_r \in F_r$ mit $\alpha_r \neq \beta_r$ gibt es näm-

lich $j, k \in \mathbb{N}$ mit $j \in \alpha_r$, $j \notin \beta_r$ und $k \in \beta_r$, $k \notin \alpha_r$, und für $x \in W_r^{\alpha_r} \cap W_r^{\beta_r}$ müßte dann sowohl $\varphi_k(x) < \varphi_j(x)$ als auch $\varphi_j(x) < \varphi_k(x)$ gelten. Man beachte noch, daß die Mengen F_r abzählbar sind, so daß sich das System $\mathfrak{W} = \{W_r^{\alpha_r}\}$ in der Form $\mathfrak{W} = \{W_r^i;\ 1 \leqq r \leqq n+1,\ i \in \mathbb{N}\}$ schreiben läßt.

4.4 Vereinbarung: Von jetzt ab betrachten wir ausschließlich solche k-differenzierbaren Räume $A = (X, \mathscr{A})$, für die gilt: X ist ein regulärer topologischer Raum mit einer abzählbaren Basis.
Dann ist X metrisierbar und folglich parakompakt und normal. Da jede Teilmenge $X' \subset \mathbb{R}^m$ regulär ist und eine abzählbare Basis besitzt, ist obige Bedingung trivialerweise notwendig für die Existenz irgendwelcher Einbettungen $A \to \mathbb{R}^m$. Jeder k-differenzierbare Unterraum des $\mathbb{R}^m$ erfüllt obige Bedingung.

4.5: Ist $A = (X, \mathscr{A})$ ein k-differenzierbarer Raum, so definiert man die *Einbettungsdimension von A im Punkte x*, $x \in X$, völlig analog wie in 2.8. Es ist $\operatorname{einbdim}_x A$ offenbar die kleinste Zahl m, so daß es eine k-differenzierbare Karte $(U, \mathfrak{g}, D)$ von A im $\mathbb{R}^m$ gibt mit $x \in U$ (folgt aus 3.8).

4.6 Lemma: Es gilt für alle $x \in X$: $\dim_x X \leqq \operatorname{einbdim}_x A$.

Beweis: Nach 4.4 ist X metrisierbar und hat abzählbare Basis. Ist $m := \operatorname{einbdim}_x A$, so existiert eine differenzierbare Karte $(U, \mathfrak{g}, D)$ von A im $\mathbb{R}^m$ mit $x \in U$. Insbesondere ist $g: U \to g(U) \subset \mathbb{R}^m$ ein Homöomorphismus. Da $\dim_x X$ eine lokale topologische Invariante ist, folgt:

$$\dim_x X = \dim_x U = \dim_{g(x)} g(U) \leqq \dim g(U) \leqq \dim \mathbb{R}^m = m.$$

4.7 Satz: Es sei $A = (X, \mathscr{A})$ ein k-differenzierbarer Raum mit $\operatorname{einbdim}_x A \leqq n$ für alle $x \in X$. Dann existiert eine Einbettung $A \to \mathbb{R}^{(n+1)^2}$.

4.8 Korollar: Genau dann ist $A = (X, \mathscr{A})$ diffeomorph zu einem Unterraum eines $\mathbb{R}^m$, wenn $\operatorname{einbdim}_x A$, $x \in X$, beschränkt ist.
Der Beweis des Korollars ergibt sich aus 4.7 und 3.8. Für den Beweis von 4.7 benötigen wir folgende Hilfssätze:

4.9 Hilfssatz: Unter den Voraussetzungen von 4.7 gibt es eine offene Überdeckung $\{W_r;\ 1 \leqq r \leqq n+1\}$ von X und Einbettungen $\mathfrak{g}_r: A\,|\,W_r \to \mathbb{R}^n$.

Beweis: Wegen $\operatorname{einbdim}_x A \leqq n$, $x \in X$, existiert eine offene Überdeckung $\mathfrak{U} = \{U_j\}$ von X mit Einbettungen $\mathfrak{f}_j: A\,|\,U_j \to \mathbb{R}^n$.
Ohne Einschränkung darf man $f_j(U_j) \subset K := \{y \in \mathbb{R}^n;\ \|y\| < 1\}$ annehmen. Ferner folgt aus $\operatorname{einbdim}_x A \leqq n$ nach 4.6: $\dim X = \sup\{\dim_x X\} \leqq n$. Folglich existiert nach 4.3 eine lokalendliche offene Verfeinerung $\mathfrak{W} = \{W_r^i;\ 1 \leqq r \leqq n+1,\ i \in \mathbb{N}\}$ von $\mathfrak{U}$ mit der Eigenschaft: $W_r^i \cap W_r^j = \varnothing$ für $i \neq j$. Da $\mathfrak{W}$ eine Verfeinerung von $\mathfrak{U}$ ist, gibt es dann auch Einbettungen $\mathfrak{f}_r^i: A\,|\,W_r^i \to \mathbb{R}^n$ mit $f_r^i(W_r^i) \subset K$. Für $1 \leqq r \leqq n+1$ und $i \in \mathbb{N}$ wähle man im $\mathbb{R}^n$ offene Kugeln K_r^i mit Radius 1 und mit verschiedenen Mittelpunkten so aus, daß für $i, j \in \mathbb{N}$, $i \neq j$, gilt $K_r^i \cap K_r^j = \varnothing$, $1 \leqq r \leqq n+1$. Indem man die Einbettung $\mathfrak{f}_r^i: A\,|\,W_r^i \to \mathbb{R}^n$ mit einer Translation $\mathbb{R}^n \to \mathbb{R}^n$ komponiert, welche K auf K_r^i abbildet, erhält man Einbettungen $\mathfrak{g}_r^i: A\,|\,W_r^i \to \mathbb{R}^n$ mit $g_r^i(W_r^i) \subset K_r^i$. Es sei $W_r := \bigcup_{i \in \mathbb{N}} W_r^i$. Da für festes r sowohl die W_r^i als auch die K_r^i paarweise disjunkt sind, wird durch die Kollektion $\{\mathfrak{g}_r^i;\ i \in \mathbb{N}\}$ eine Einbettung $\mathfrak{g}_r: A\,|\,W_r \to \mathbb{R}^n$ definiert. Nach Konstruktion ist $\{W_r;\ 1 \leqq r \leqq n+1\}$ eine offene Überdeckung von X.

4.10 Hilfssatz: Seien $A = (X, \mathscr{A})$ ein differenzierbarer Raum, U und W offene Teilmengen von X mit $\bar{U} \subset W$ und $\mathfrak{g} : A | W \to \mathbb{R}^n$ eine Einbettung. Dann gilt:

a) Zu jeder abgeschlossenen Menge B in X mit $B \subset U$ existiert ein $s \in \Gamma(X, \mathscr{A})$ mit $\operatorname{Tr} s \subset U$, $s | B = 1 =$ Einsschnitt.

b) Es existiert eine differenzierbare Abbildung $\mathfrak{f}: A \to \mathbb{R}^n$ mit $\mathfrak{f} | U = \mathfrak{g} | U$.

Beweis: a) Sei $Y: = g(W) \subset \mathbb{R}^n$. Es ist $g: W \to Y$ ein Homöomorphismus und folglich $U' : = g(U)$ offen in Y, $B' : = g(B)$ abgeschlossen in Y mit $B' \subset U'$. Nach 1.9 existiert $s' \in \Gamma(Y, \mathscr{D}^k(Y))$ mit $\operatorname{Tr} s' \subset U'$, $s' | B' = 1$. Man setze $s: = g^*(s') \in \Gamma(W, \mathscr{A})$. Dann ist $\operatorname{Tr} s \subset U$ und $s | B = 1$. Wegen $\operatorname{Tr} s \subset U$, $\bar{U} \subset W$ läßt sich s durch die Definition $s | X - W = 0$ zu einem Schnitt aus $\Gamma(X, \mathscr{A})$ fortsetzen, der die gewünschten Eigenschaften besitzt.

b) Sei $\mathfrak{g} = (s_1, \ldots, s_n) \in \Gamma(W, \mathscr{A})^n$ (vgl. 3.6). Da X nach 4.4 normal ist, existiert eine offene Teilmenge V von X mit $\bar{U} \subset V, \bar{V} \subset W$. Nach a) existiert $s \in \Gamma(X, \mathscr{A})$ mit $\operatorname{Tr} s \subset V$, $s | \bar{U} = 1$. Wegen $\operatorname{Tr} s \subset V, \bar{V} \subset W$ läßt sich $t_i : = s \cdot s_i$ als Schnitt aus $\Gamma(X, \mathscr{A})$ auffassen, wobei $t_i | X - \bar{V} = 0$, $1 \leqq i \leqq n$. Sei

$$\mathfrak{f} : = (t_1, \ldots, t_n) \in \Gamma(X, \mathscr{A})^n, \; \mathfrak{f} : A \to \mathbb{R}^n.$$

Wegen $s | \bar{U} = 1$ folgt $t_i | U = s_i | U$ und damit $\mathfrak{f} | U = \mathfrak{g} | U$.

4.11 Hilfssatz: Es sei $\mathfrak{f} = (f, f^*) : A \to \mathbb{R}^m$ eine differenzierbare Abbildung, $A = (X, \mathscr{A})$, $\mathfrak{f} = (s_1, \ldots, s_m) \in \Gamma(X, \mathscr{A})^m$. $f : X \to \mathbb{R}^m$ habe die Komponentendarstellung $f = (f_1, \ldots, f_m)$. Ist dann $s_{j_0}(x) = \lambda \cdot 1_x$, $\lambda \in \mathbb{R}$, $x \in X$, so gilt $f_{j_0}(x) = \lambda$.

Beweis: Da die Aussage von lokaler Natur ist, darf man annehmen, daß A ein differenzierbarer Unterraum des $\mathbb{R}^n$ ist: $X \subset \mathbb{R}^n$, $\mathscr{A} = \mathscr{D}^k(X)/\mathscr{I}$. Es werde $\mathfrak{f}$ durch die C^k-Abbildung $F: U \to \mathbb{R}^m$ induziert, $X \subset U$, $F = (F^1, \ldots, F^m)$. Dann gilt $s_{j_0}(x) = \overline{F_x^{j_0}} \in \mathscr{D}_x^k / \mathscr{I}_x$, also $\overline{F_x^{j_0}} = \lambda \cdot \overline{1_x} = \overline{\lambda_x}$ (nach Voraussetzung), wobei λ_x den Keim der konstanten Funktion λ bedeutet. Damit folgt $F_x^{j_0} \equiv \lambda_x \bmod \mathscr{I}_x$, und hieraus ergibt sich wegen $\mathscr{I}_x \subset \mathfrak{m}_x : f_{j_0}(x) = F^{j_0}(x) = \lambda$.

Beweis zu 4.7: Nach 4.9 gibt es eine offene Überdeckung $\{W_r;\ 1 \leqq r \leqq n + 1\}$ von X und Einbettungen $\mathfrak{g}_r : A | W_r \to \mathbb{R}^n$. Da X normal ist, existieren offene Überdeckungen $\{U_r;\ 1 \leqq r \leqq n\}$ und $\{V_r;\ 1 \leqq r \leqq n\}$ mit $\bar{V}_r \subset U_r$, $\bar{U}_r \subset W_r$. Nach 4.10, b) existieren differenzierbare Abbildungen $\mathfrak{f}_r : A \to \mathbb{R}^n$ mit $\mathfrak{f}_r | U_r = \mathfrak{g}_r | U_r, 1 \leqq r \leqq n + 1$, und nach 4.10, a) gibt es Schnitte $s_r \in \Gamma(X, \mathscr{A})$ mit $\operatorname{Tr} s_r \subset U_r$, $s_r | \bar{V}_r = 1, 1 \leqq r \leqq n + 1$. Es sei dann $\mathfrak{f}_0 : = (s_1, \ldots, s_{n+1})$, $\mathfrak{f}_0 : A \to \mathbb{R}^{n+1}$ und $\mathfrak{f} : = (\mathfrak{f}_0, \mathfrak{f}_1, \ldots, \mathfrak{f}_{n+1}) : A \to \mathbb{R}^{(n+1^2)}$. Nach Konstruktion ist $\mathfrak{g}_r | U_r = \mathfrak{f}_r | U_r$ eine Einbettung und folglich ist nach 3.7 auch $\mathfrak{f} | U_r : A | U_r \to \mathbb{R}^{(n+1)^2}$ eine Einbettung, $1 \leqq r \leqq n + 1$. Wegen $X = \bigcup U_r$ ist insbesondere $\mathfrak{f}$ eine Immersion. Es sei $f = (f_1, \ldots, f_{n+1}, \ldots, f_{(n+1)^2})$ die Komponentendarstellung der Abbildung $f : X \to \mathbb{R}^{(n+1)^2}$. Wegen $\mathfrak{f}_0 = (s_1, \ldots, s_{n+1})$, $\operatorname{Tr} s_r \subset U_r$, $s_r | \bar{V}_r = 1$ folgt nach 4.11: $f_r | \bar{V}_r = 1$ und $f_r | (X - U_r) = 0$, $1 \leqq r \leqq n + 1$. Wir müssen noch zeigen, daß 1. f injektiv, 2. die Umkehrabbildung f^{-1} stetig ist. Dann ist $f : X \to f(X)$ ein Homöomorphismus und $\mathfrak{f}$ die gesuchte Einbettung.

1. Es sei $f(x_1) = f(x_2)$; $x_1, x_2 \in X$. Ist etwa $x_1 \in V_{r_0}$, so gilt $1 = f_{r_0}(x_1) = f_{r_0}(x_2)$. Wegen $f_{r_0} | (X - U_{r_0}) = 0$ folgt $x_2 \in U_{r_0}$, also $x_1, x_2 \in U_{r_0}$. Da $\mathfrak{f} | U_{r_0}$ eine Einbettung ist, folgt $x_1 = x_2$.
2. Es sei $y_\nu = f(x_\nu) \in f(X)$ eine Punktfolge, die im $\mathbb{R}^{(n+1)^2}$ gegen $y_0 = f(x_0)$ konvergiert. Dann ist zu zeigen, daß in X die Folge der x_ν gegen x_0 konvergiert. Sei etwa $x_0 \in V_{r_0}$ und damit $f_{r_0}(x_0) = 1$. Wegen der Konvergenz von $f(x_\nu)$ gegen

$f(x_0)$ gilt dann für fast alle $\nu: f_{r_0}(x_\nu) \neq 0$, also $x_\nu \in U_{r_0}$. Da $\mathfrak{f} | U_{r_0}$ eine Einbettung und folglich $f | U_{r_0}$ ein Homöomorphismus ist, ergibt sich hieraus die Konvergenz der x_ν gegen x_0.

§ 5 Einbettung differenzierbarer Räume in den $\mathbb{R}^{2n+1}$

5.1 Definition: Sei $D = (X, \mathscr{A})$ ein k-differenzierbarer Unterraum des $\mathbb{R}^m$. $\{(U_i, V_i, M_i); i \in \mathbb{N}\}$ heiße eine *ausgezeichnete Überdeckung von D*, wenn gilt:

a) Die U_i sind offene Teilmengen des $\mathbb{R}^m$ mit $X \subset \bigcup_i U_i =: U$. Das abzählbare System $\{U_i\}$ ist lokalendlich in U und die U_i sind in U relativkompakt (d. h. $\bar{U}_i \subset U$, $\bar{U}_i$ kompakt).

b) Die V_i sind offene Teilmengen des $\mathbb{R}^m$ mit $\bar{V}_i \subset U_i$; $\bigcup_i V_i = U$.

c) Die M_i sind C^k-Untermannigfaltigkeiten von U_i (nicht notwendig zusammenhängend), M_i abgeschlossen bzgl. U_i, derart daß $D | U_i \cap X$ Unterraum von M_i ist.

5.2 Lemma: Ist $D = (X, \mathscr{A})$ ein k-differenzierbarer Unterraum des $\mathbb{R}^m$ mit $\operatorname{einbdim}_x D \leqq n$ für alle $x \in X$, so existiert eine ausgezeichnete Überdeckung $\{(U_i, V_i, M_i); i \in \mathbb{N}\}$ von D mit $\dim M_i \leqq n$.

Beweis: Zu $x \in X$ existiert nach 2.2 eine offene Umgebung $U(x)$ im $\mathbb{R}^m$ und eine C^k-Untermannigfaltigkeit $M(x)$ von $U(x)$ mit $\dim M(x) = \dim T_x(D) = \operatorname{einbdim}_x D \leqq n$, so daß $D | U(x) \cap X$ ein k-differenzierbarer Unterraum von $M(x)$ ist. Man darf annehmen, daß $M(x)$ bzgl. $U(x)$ abgeschlossen ist. Dann stellt $U := \bigcup_{x \in X} U(x)$ eine offene Umgebung von X im $\mathbb{R}^m$ dar. Da U lokalkompakt und parakompakt ist und eine abzählbare Basis besitzt, existiert zu der offenen Überdeckung $\{U(x); x \in X\}$ von U eine in U lokalendliche, abzählbare offene Verfeinerung $\{U_i; i \in \mathbb{N}\}$, so daß U_i in U relativkompakt ist. Nach Konstruktion von $U(x)$ gibt es in U_i relativabgeschlossene C^k-Untermannigfaltigkeiten M_i mit $\dim M_i \leqq n$, derart, daß $D | U_i \cap X$ Unterraum von M_i ist. Da U normal und U_i in U lokalendlich ist, existiert eine offene Verfeinerung $\{V_i; i \in \mathbb{N}\}$ von $\{U_i\}$ mit $\bar{V}_i \subset U_i$.

5.3 Definition: Es seien $F: U \to \mathbb{R}^s$ und $G: U \to \mathbb{R}^s$ zwei C^k-Abbildungen, $U \subset \mathbb{R}^m$ offen, $F = (F^1, \ldots, F^s)$, $G = (G^1, \ldots, G^s)$. Ist $\delta(x)$ eine stetige, positive Funktion auf U, so heißt G eine *δ-Approximation zu F*, wenn für alle $x \in U$ gilt:

$$|F^i(x) - G^i(x)| < \delta(x) \quad \text{und} \quad \left| \frac{\partial F^i}{\partial x_j}(x) - \frac{\partial G^i}{\partial x_j}(x) \right| < \delta(x);$$
$$1 \leqq i \leqq s, \; 1 \leqq j \leqq m.$$

5.4 Lemma: Es sei D ein k-differenzierbarer Unterraum des $\mathbb{R}^m$ und $\{(U_i, V_i, M_i); i \in \mathbb{N}\}$ eine ausgezeichnete Überdeckung von D mit $\dim M_i \leqq n$. Ferner sei $U := \bigcup_i U_i$ und $F: U \to \mathbb{R}^s$ eine C^k-Abbildung. Ist $k \geqq 2$ und $s \geqq 2n$, so existiert zu vorgegebenem $\delta(x)$ eine C^k-Abbildung $G: U \to \mathbb{R}^s$, so daß G eine δ-Approximation zu F ist und so, daß $G | M_i$ in den Punkten aus $M_i \cap \bar{V}_i$ regulär ist.

Für den Beweis werden zwei Hilfssätze benötigt. Im folgenden bezeichne $M(s, m)$ die Menge der Matrizen mit s Zeilen, m Spalten und reellen Koeffizienten.
$M(s, m; r) \subset M(s, m)$ sei die Teilmenge der Matrizen vom Rang r. Elemente aus $\mathbb{R}^m$, $\mathbb{R}^s$ seien als Spaltenvektoren aufgefaßt. Jede Matrix $A \in M(s, m)$ werde identifiziert mit der zugehörigen linearen Abbildung $\mathbb{R}^m \to \mathbb{R}^s$, $x \mapsto A \cdot x$.

5.5 Hilfssatz: Es sei N eine C^k-Untermannigfaltigkeit von $U \subset \mathbb{R}^m$, U offen, mit $\dim N = n$ und $F: U \to \mathbb{R}^s$ eine C^k-Abbildung. Ist $k \geqq 2$ und $s \geqq 2n$, so liegt die Menge derjenigen $A \in M(s, m)$, für die $(F + A)|N$ eine Immersion ist, dicht in $M(s, m)$.

Beweis: Es genügt, zu jedem Punkt $x^\circ \in N$ eine Umgebung $V \subset \mathbb{R}^m$ derart anzugeben, daß die Menge

$$\mathfrak{M}_V := \{A \in M(s, m); \quad (F + A)|V \cap N \text{ keine Immersion}\}$$

eine Nullmenge ist, d. h. in $M(s, m) \simeq \mathbb{R}^{s \cdot m}$ das Lebesgue-Maß Null hat. Man kann dann nämlich N durch abzählbar viele Umgebungen V_i dieser Art überdecken, und $\mathfrak{M} := \bigcup \mathfrak{M}_{V_i}$ ist dann ebenfalls eine Nullmenge in $M(s, m)$. Folglich ist $M(s, m) - \mathfrak{M}$ dicht in $M(s, m)$. $M(s, m) - \mathfrak{M}$ besteht nach Konstruktion genau aus denjenigen $A \in M(s, m)$, für die $(F + A)|N$ eine Immersion ist.
Sei also $x^\circ \in N$ vorgegeben. Da N eine C^k-Untermannigfaltigkeit ist, $\dim N = n$, existiert eine Umgebung V von x° im $\mathbb{R}^m$ und ein Diffeomorphismus

$$\Phi: V \to Q^m := \{x \in \mathbb{R}^m; |x_i| < 1\}$$

mit der Eigenschaft

$$\Phi(V \cap N) = Q^m \cap \{x \in \mathbb{R}^m; \quad x_{n+1} = \ldots = x_m = 0\} = Q^n.$$

Genau dann gilt $A \in \mathfrak{M}_V$, wenn $(F + A) \circ \Phi^{-1}|Q^n$ keine Immersion ist, wenn also ein Punkt $x \in Q^n$ existiert, so daß $d((F + A) \circ \Phi^{-1})_x | T_x(Q^n)$ nicht injektiv ist. Wegen $T_x(Q^n) = \{a = (a_1, \ldots, a_m) \in \mathbb{R}^m; \; a_{n+1} = \ldots = a_m = 0\}$ ist dies genau dann der Fall, wenn für die Funktionalmatrix von $(F + A) \circ \Phi^{-1}$ im Punkte x gilt:

$$d((F + A) \circ \Phi^{-1})_x = (dF_{\Phi^{-1}(x)} + A) \cdot d\Phi_x^{-1} = (B_1, B_2) = B$$

wobei $B_1 \in M(s, n; r)$ mit $r < n$ und $B_2 \in M(s, m - n)$.

Für $r < n$ setzen wir $N_r := \{(B_1, B_2) \in M(s, m); \; B_1 \in M(s, n; r), \; B_2 \in M(s, m - n)\}$. Für $r < n \leqq s$ ist $M(s, n; r)$ eine $r(s + n - r)$-dimensionale C^∞-Untermannigfaltigkeit von $M(s, n)$ ([4], p. 10, Lemma 1.19), und folglich ist N_r eine C^∞-Untermannigfaltigkeit von $M(s, m)$ mit $\dim N_r = r(s + n - r) + s(m - n)$. Man betrachte die Abbildung

$$F_r: Q^n \times N_r \to M(s, m)$$
$$(x, B) \mapsto B \cdot d\Phi_{\Phi^{-1}(x)} - dF_{\Phi^{-1}(x)}.$$

Es ist $Q^n \times N_r$ eine C^∞-Mannigfaltigkeit der Dimension

$$\varrho(r) = r(s + n - r) + s(m - n) + n,$$

und wegen $k \geqq 2$ ist F_r mindestens von der Klasse C^1. Wegen $s \geqq 2n$ ist die (partielle) Ableitung von $\varrho(r)$ nach r für $r \leqq n - 1$ positiv, und folglich gilt

$$\dim(Q^n \times N_r) \leqq \dim(Q^n \times N_{n-1}) = 2n + sm - s - 1 \leqq sm - 1$$
$$< \dim M(s, m).$$

Da also F_r eine C^1-Abbildung der Mannigfaltigkeit $Q^n \times N_r$ in eine Mannigfaltigkeit von größerer Dimension ist, hat $F_r(Q^n \times N_r)$ in $M(s, m)$ das Lebesgue-Maß Null ([4], p. 10, Corollary 1.17). Dann ist auch $\bigcup_{r=0}^{n-1} F_r(Q^n \times N_r)$ eine Nullmenge in $M(s, m)$. Wie oben gezeigt wurde, gehört $A \in M(s, m)$ genau dann zu $\mathfrak{M}_V$, wenn $x \in Q^n$ existiert, so daß gilt $B := (dF_{\Phi^{-1}(x)} + A) \cdot d\Phi_x^{-1} \in N_r$, $r < n$. Dann ist

$$A = B \cdot d\Phi_{\Phi^{-1}(x)} - dF_{\Phi^{-1}(x)} \in F_r(Q^n \times N_r).$$

Es folgt $\mathfrak{M}_V \subset \bigcup_{r=0}^{n-1} F_r(Q^n \times N_r)$, und damit ist auch $\mathfrak{M}_V$ eine Nullmenge.

5.6 Hilfssatz: Es sei $U \subset \mathbb{R}^m$ offen, M eine C^k-Untermannigfaltigkeit von U, $K \subset M$ eine kompakte Teilmenge. Ferner sei $F: U \to \mathbb{R}^s$ eine C^k-Abbildung, derart daß $F|M$ in den Punkten aus K regulär ist. Dann existiert eine Konstante $\delta > 0$, so daß für jede δ-Approximation G zu F gilt: $G|M$ ist regulär in den Punkten von K.

Beweis: Es sei dim $M = n$. Zu jedem $x^\circ \in K$ existiert eine Umgebung W in M, eine offene Umgebung W' des Nullpunkts im $\mathbb{R}^n$ und ein Diffeomorphismus

$$\Phi: W' \to W, \Phi = (\Phi^1, \ldots, \Phi^m), \text{ mit } \Phi(0) = x^\circ.$$

Dann ist $F \circ \Phi$ regulär in 0, und folglich gibt es eine offene Menge $V' \subset \mathbb{R}^n$ mit $0 \in V'$, $\bar{V}' \subset W'$, $\bar{V}'$ kompakt, so daß die Funktionaldeterminante det $(d(F \circ \Phi))$ in $\bar{V}'$ nicht verschwindet. Es bezeichne $G: U \to \mathbb{R}^s$ eine weitere C^k-Abbildung. Da $\bar{V}'$ kompakt ist, existiert aus Stetigkeitsgründen ein $\varepsilon > 0$ derart, daß auch det $(d(G \circ \Phi))$ in V' nicht verschwindet und somit $G|M$ in $V := \Phi(V')$ regulär ist, sobald für alle $y \in V'$ die Koeffizienten von $d(F \circ \Phi)_y - d(G \circ \Phi)_y = (dF_{\Phi(y)} - dG_{\Phi(y)}) \cdot d\Phi_y$ dem Betrage nach kleiner als ε sind. Da die Koeffizienten von $d\Phi_y$ in $\bar{V}'$ beschränkt sind, existiert ein $\delta > 0$, so daß die zuletzt genannte Bedingung erfüllt ist, sobald für alle $x \in V$ die Koeffizienten von $dF_x - dG_x$ dem Betrage nach kleiner als δ sind. Zu jedem $x^\circ \in K$ gibt es also eine Umgebung $V(x^\circ)$ in M und ein $\delta(x^\circ) > 0$, so daß $G|M$ in $V(x^\circ)$ regulär ist, sobald für alle $x \in V(x^\circ)$ gilt:

$$\left| \frac{\partial F^i}{\partial x_j}(x) - \frac{\partial G^i}{\partial x_j}(x) \right| < \delta(x^\circ); \quad 1 \leqq i \leqq s, 1 \leqq j \leqq m.$$

Durch endlich viele Umgebungen dieses Typs, etwa durch $V_1, \ldots, V_r$, läßt sich die kompakte Menge K überdecken. Dann besitzt $\delta := \min\{\delta_1, \ldots, \delta_r\}$ die gewünschte Eigenschaft.

Beweis zu 5.4: Es existieren offene Mengen $W_i \subset \mathbb{R}^m$ mit $\bar{V}_i \subset W_i$, $\bar{W}_i \subset U_i$ und C^k-Funktionen $\varphi_i: U \to \mathbb{R}$ mit Tr $\varphi_i \subset U_i$, $\varphi_i|\bar{W}_i = 1$. Durch Induktion sollen C^k-Abbildungen $F_i: U \to \mathbb{R}^s$ definiert werden, $i \geqq 0$, so daß gilt: $F_i|M_j$ ist regulär in $M_j \cap \bar{V}_j$ für $j \leqq i$, $j \in \mathbb{N}$, und F_i ist eine ε_i-Approximation zu F_{i-1}. Dabei sind $\varepsilon_i > 0$ Konstanten, über deren Wert noch verfügt wird. Es sei $F_0 := F$. Ist F_{i-1} bereits definiert, $i \geqq 1$, so setze man $F_i := F_{i-1} + \varphi_i \cdot A$, $A \in M(s, m)$. Dabei ist A als lineare Abbildung $A: \mathbb{R}^m \to \mathbb{R}^s$ aufzufassen. Über die Auswahl von A wird später verfügt. Dann ist $dF_i(x) - dF_{i-1}(x) = A \cdot x \cdot d\varphi_i(x) + \varphi_i(x) \cdot A$ ($d\varphi_i$ als Zeilenvektor aufgefaßt). Wegen Tr $\varphi_i \subset \bar{U}_i$, $\bar{U}_i$ kompakt, sind φ_i und $d\varphi_i$ beschränkt in U_i, und folglich ist F_i eine ε_i-Approximation zu F_{i-1}, sobald die Koeffizienten von A hinreichend klein sind. Wegen $k \geqq 2$ und $s \geqq 2n \geqq 2 \cdot \dim M_i$ kann A nach 5.5 zusätzlich so gewählt werden, daß $(F_{i-1} + A)|M_i$ eine Immersion ist. Wegen $\varphi_i|W_i = 1$ ist dann $F_i|M_i$ regulär in $M_i \cap \bar{V}_i$. Für $j < i$ ist $F_{i-1}|M_j$ nach Induktionsvoraussetzung regulär in den Punkten aus $K_j := M_j \cap \bar{V}_j$. Da $\bar{V}_j$ kompakt und M_j bzgl. U_j abgeschlossen ist, ist K_j kompakt. Nach 5.6 existieren Zahlen $\delta_j > 0$, $1 \leqq j \leqq i-1$, so daß für jede

δ_j-Approximation G zu F_{i-1} gilt: $G|M_j$ ist regulär in K_j. Wählt man $\varepsilon_i \leqq \min\{\delta_1, \ldots, \delta_{i-1}\}$, so ist also $F_i|M_j$ regulär in $M_j \cap \bar{V}_j$ für $1 \leqq j \leqq i-1$ und für $j = i$. Schließlich wähle man noch $\varepsilon_i \leqq 2^{-i} \cdot \min\{\delta(x);\ x \in \bar{U}_i\}$. Wegen $\mathrm{Tr}(F_i - F_{i-1}) \subset \mathrm{Tr}\,\varphi_i \subset U_i$ ist dann F_i eine $(2^{-i} \cdot \delta)$-Approximation zu F_{i-1}. Da das System $\{U_i\}$ in U lokalendlich ist, gilt lokal für fast alle i und fast alle j: $F_i(x) = F_j(x)$. Folglich existiert $G(x) := \lim_{i \to \infty} F_i(x)$, und $G: U \to \mathbb{R}^s$ ist von der Klasse C^k. Ferner ist G nach Konstruktion eine δ-Approximation zu $F = F_0$. Da $F_i|M_j$ für $i \geqq j$ in den Punkten von $M_j \cap \bar{V}_j$ regulär ist und da lokal für fast alle i gilt $G(x) = F_i(x)$, ist $G|M_j$ regulär in $M_j \cap \bar{V}_j$.

5.7 Lemma: Es sei $D = (X, \mathscr{A})$ ein k-differenzierbarer Unterraum des $\mathbb{R}^m$ und $\{(U_i, V_i, M_i);\ i \in \mathbb{N}\}$ eine ausgezeichnete Überdeckung von D mit $\dim M_i \leqq n$. Ferner sei $U := \bigcup_i U_i$ und $F: U \to \mathbb{R}^s$ eine C^k-Abbildung, so daß $F|M_i$ in $M_i \cap \bar{V}_i$ regulär ist. Ist $s \geqq 2n + 1$, so existiert zu vorgegebenem $\delta(x) > 0$ eine δ-Approximation $G: U \to \mathbb{R}^s$ zu F, so daß gilt:

a) $G|M_i$ ist regulär in $M_i \cap \bar{V}_i$;
b) $G|\bar{X} \cap U$ ist injektiv.

5.8 Hilfssatz: Es sei $\{U_i;\ i \in \mathbb{N}\}$ eine lokalendliche offene Überdeckung des normalen topologischen Raumes U derart, daß $\bar{U}_i$ kompakt ist. Dann existiert zu vorgegebenen Konstanten $\delta_i > 0$ eine stetige, positive Funktion $\delta: U \to \mathbb{R}$ mit $\sup\{\delta(x);\ x \in U_i\} < \delta_i$ für alle $i \in \mathbb{N}$.

Beweis: Da U normal und $\{U_i\}$ lokalendlich ist, existieren stetige Funktionen $\varphi_i: U \to \mathbb{R}$ mit $0 \leqq \varphi_i \leqq 1$, $\mathrm{Tr}\,\varphi_i \subset U_i$ und $\sum_i \varphi_i = 1$ ([10], p. 88, Satz 3). Es sei $\delta(x) = \sum_i \varepsilon_i \cdot \varphi_i(x)$ mit Konstanten $\varepsilon_i > 0$, deren Wahl noch zu bestimmen ist. Als lokalendliche Summe stetiger Funktionen ist δ stetig, und wegen $\sum_i \varphi_i = 1$, $\varphi_i \geqq 0$, gilt $\delta(x) > 0$. Für $j \in \mathbb{N}$ sei $I(j) := \{i \in \mathbb{N};\ U_i \cap U_j \neq \emptyset\}$. Da $\{U_i\}$ lokalendlich ist und $\bar{U}_j$ kompakt, ist $I(j)$ endlich. Für $x \in U_j$ gilt nach Konstruktion $\delta(x) \leqq \sum_{i \in I(j)} \varepsilon_i$. Es ist $i \in I(j)$ genau dann, wenn $j \in I(i)$, und folglich gilt bei vorgegebenem $i \in \mathbb{N}$ nur für endlich viele $j: i \in I(j)$. Deshalb lassen sich die $\varepsilon_i > 0$ so wählen, daß für alle j gilt: $\sum_{i \in I(j)} \varepsilon_i < \delta_j$. Dann folgt für alle $j \in \mathbb{N}$:

$$\sup\{\delta(x);\ x \in U_j\} \leqq \sum_{i \in I(j)} \varepsilon_i < \delta_j.$$

Beweis zu 5.7: Sei $G: U \to \mathbb{R}^s$ von der Klasse C^k. $K_i := M_i \cap \bar{V}_i$ ist kompakt. Nach 5.6 existieren Konstanten $\delta_i > 0$, so daß $G|M_i$ in K_i regulär ist, sobald $G|U_i$ eine δ_i-Approximation zu $F|U_i$ ist. Nach 5.8 gibt es eine positive, stetige Funktion $\delta': U \to \mathbb{R}$, so daß $\sup\{\delta'(x);\ x \in U_i\} < \delta_i$. Dann ist $G|M_i$ regulär in K_i, sobald G eine δ'-Approximation zu F ist. Man darf $\delta(x) \leqq \delta'(x)$ annehmen – andernfalls ersetze man $\delta(x)$ durch $\min\{\delta(x), \delta'(x)\}$ –, und dann genügt es also, eine δ-Approximation G zu F zu konstruieren, so daß $G|\bar{X} \cap U$ injektiv ist: Da M_i bzgl. U_i abgeschlossen ist und $X \cap U_i \subset M_i$, gilt $\bar{X} \cap V_i \subset \bar{X} \cap U_i \subset M_i$. Jedes vorgegebene $x \in \bar{X} \cap U$ liegt wegen $U = \bigcup_i V_i$ in einem V_{i_0}, also in $M_{i_0} \cap V_{i_0}$. Da $F|M_{i_0}$ in $M_{i_0} \cap \bar{V}_{i_0}$ regulär ist, existiert eine Umgebung W von x in U, $W \subset V_{i_0}$, so daß $F|M_{i_0} \cap W$ injektiv ist. Wegen $\bar{X} \cap W \subset M_{i_0} \cap W$ ist dann auch $F|\bar{X} \cap W$ injektiv. Zu jedem

$x \in \bar{X} \cap U$ gibt es also eine Umgebung $W(x) \subset U$ derart, daß $F | \bar{X} \cap W(x)$ injektiv ist. Dann ist $\mathfrak{W} := \{W(x); x \in \bar{X} \cap U\} \cup \{U - \bar{X}\}$ eine offene Überdeckung von U. Es gibt lokalendliche offene Verfeinerungen $\mathfrak{U} = \{U_i'; i \in \mathbb{N}\}$, $\mathfrak{V} = \{V_i'; i \in \mathbb{N}\}$ von $\mathfrak{W}$ mit der Eigenschaft $\overline{V_i'} \subset U_i'$, $\overline{U_i'} \subset U$, $\overline{U_i'}$ kompakt. Nach Konstruktion ist $F | \bar{X} \cap U_i'$ injektiv, falls $\bar{X} \cap U_i' \neq \emptyset$. Man wähle C^k-Funktionen $\varphi_i : U \to \mathbb{R}$ mit $\operatorname{Tr} \varphi_i \subset U_i'$, $\varphi_i | \overline{V_i'} = 1$. Durch Induktion sollen jetzt C^k-Funktionen $F_i : U \to \mathbb{R}^s$ definiert werden, so daß $G := \lim F_i$ die gesuchte Abbildung wird: Es sei $F_0 := F$. Ist F_{i-1} bereits definiert, so setze man $F_i(x) := F_{i-1}(x) + \varphi_i(x) \cdot b$ mit $b \in \mathbb{R}^s$. Die Auswahl von b wird auf folgende Weise getroffen: Es sei $A := \{(x, y) \in U \times U; \varphi_i(x) = \varphi_i(y)\} \subset U \times U$. $U \times U - A$ ist eine offene Teilmenge von $U \times U$. Man betrachte folgende C^k-Abbildung:

$$H : U \times U - A \to \mathbb{R}^s$$

$$(x, y) \mapsto -(F_{i-1}(x) - F_{i-1}(y)) \cdot (\varphi_i(x) - \varphi_i(y))^{-1}.$$

Es sei $B := (\bar{X} \cap U) \times (\bar{X} \cap U) - A$. Wegen $\bar{X} \cap U_i \subset M_i$ gilt $B \subset \bigcup_{i,j} (M_i \times M_j - A)$. Es ist $M_i \times M_j - A$ eine C^k-Untermannigfaltigkeit von $U \times U - A$ mit der Dimension $\dim M_i + \dim M_j \leqq 2n$. Wegen $s > 2n$ ist deshalb $H(M_i \times M_j - A)$ eine Nullmenge im $\mathbb{R}^s$, und dann ist auch $H(B) \subset \bigcup_{i,j} H(M_i \times M_j - A)$ eine Nullmenge. Insbesondere ist $\mathbb{R}^s - H(B)$ dicht in $\mathbb{R}^s$. Der zur Konstruktion von F_i benötige Vektor $b \in \mathbb{R}^s$ werde jetzt nahe bei Null gewählt, derart, daß F_i eine $(2^{-i} \cdot \delta)$-Approximation zu F_{i-1} wird (möglich wegen der Kompaktheit von $\operatorname{Tr} \varphi_i$) und derart, daß gleichzeitig $b \notin H(B)$. Für beliebige $x, y \in \bar{X} \cap U$ mit $F_i(x) = F_i(y)$ gilt dann auch $\varphi_i(x) = \varphi_i(y)$ und damit $F_{i-1}(x) = F_{i-1}(y)$; denn andernfalls wäre

$$b = -(F_{i-1}(x) - F_{i-1}(y)) \cdot (\varphi_i(x) - \varphi_i(y))^{-1} \in H(B).$$

Wegen $\operatorname{Tr}(F_i - F_{i-1}) \subset U_i'$, $\{U_i'\}$ lokalendlich, ist $G := \lim_{i \to \infty} F_i$ eine C^k-Abbildung, $G : U \to \mathbb{R}^s$. Nach Konstruktion ist G eine δ-Approximation zu $F_0 = F$. Bleibt zu zeigen, daß $G | \bar{X} \cap U$ injektiv ist: Es sei $G(x) = G(y)$; $x, y \in \bar{X} \cap U$. Da die Folge F_i in U lokal konstant wird, gilt dann für fast alle i: $F_i(x) = F_i(y)$. Hieraus erhält man (nach Konstruktion der F_i) sukzessive: $\varphi_i(x) = \varphi_i(y)$, $F_{i-1}(x) = F_{i-1}(y)$ für alle $i \geqq 1$; insbesondere $F_0(x) = F_0(y)$. Gilt etwa $x \in V_i'$, so ist $1 = \varphi_i(x) = \varphi_i(y)$, und wegen $\operatorname{Tr} \varphi_i \subset U_i'$ folgt $y \in U_i'$. Da $F = F_0$ auf $\bar{X} \cap U_i'$ injektiv ist, ergibt sich $x = y$.

5.9 Lemma: Sei $D = (X, \mathscr{A})$ ein k-differenzierbarer Unterraum des $\mathbb{R}^m$, $k \geqq 2$, mit $\operatorname{einbdim}_x D \leqq n$ für alle $x \in X$. Dann gibt es eine offene Umgebung U von X im $\mathbb{R}^m$, so daß gilt: Zu jeder C^k-Abbildung $F : U \to \mathbb{R}^{2n+1}$ existiert (bei vorgegebenem $\delta(x) > 0$) eine δ-Approximation G derart, daß G eine Immersion $D \to \mathbb{R}^{2n+1}$ induziert und daß $G | \bar{X} \cap U$ injektiv ist.

Beweis: Nach 5.2 existiert eine ausgezeichnete Überdeckung $\{(U_i, V_i, M_i); i \in \mathbb{N}\}$ von D mit $\dim M_i \leqq n$. Es sei $U := \bigcup_i U_i$ und $F : U \to \mathbb{R}^{2n+1}$ von der Klasse C^k. Nach 5.4 existiert eine $\frac{\delta}{2}$-Approximation G' zu F, so daß $G' | M_i$ in $M_i \cap \bar{V}_i$ regulär ist. Nach 5.7 existiert zu G' eine $\frac{\delta}{2}$-Approximation G, so daß $G | M_i$ in $M_i \cap \bar{V}_i$ regulär und $G | \bar{X} \cap U$ injektiv ist. G ist eine δ-Approximation zu F. Bleibt zu zeigen, daß die durch G induzierte Abbildung $D \to \mathbb{R}^{2n+1}$ in $x \in X$ regulär ist: Sei etwa $x \in V_i$. Wegen $X \cap U_i \subset M_i$ folgt $x \in V_i \cap M_i$. Da $G|M_i$ in $M_i \cap \bar{V}_i$ regulär ist und $D|\bar{V}_i \cap X$ ein Unterraum von M_i, ist auch die durch G induzierte differenzierbare Abbildung $D \to \mathbb{R}^{2n+1}$ regulär in x.

5.10 Hilfssatz: Sei $U \subset \mathbb{R}^m$ offen.

a) Es existiert eine eigentliche C^k-Abbildung $F: U \to \mathbb{R}^s$, $s \geqq 1$.

b) $F: U \to \mathbb{R}^s$, $G: U \to \mathbb{R}^s$ seien stetige Abbildungen, $F = (F^1, \ldots, F^s)$, $G = (G^1, \ldots, G^s)$. Ist F eigentlich und gilt für alle $x \in U: |F^i(x) - G^i(x)| < 1$, $1 \leqq i \leqq 1$, so ist auch G eigentlich.

Beweis: a) Es seien $\{U_i; i \in \mathbb{N}\}$, $\{V_i; i \in \mathbb{N}\}$ lokalendlich offene Überdeckungen von U mit $\bar{V}_i \subset U_i$, U_i relativkompakt in U. Man wähle C^k-Funktionen $\varphi_i: U \to \mathbb{R}$ mit $0 \leqq \varphi_i \leqq 1$, $\operatorname{Tr} \varphi_i \subset U_i$, $\varphi_i | \bar{V}_i = 1$. Es sei dann $\varphi := \sum_i i \cdot \varphi_i$ und $F := (\varphi, 0, \ldots, 0)$. $F: U \to \mathbb{R}^s$ ist eine C^k-Abbildung. Sei K eine vorgegebene kompakte – also abgeschlossene und beschränkte – Teilmenge des $\mathbb{R}^s$. Für $x \in \bar{V}_i$ gilt nach Konstruktion $\varphi(x) \geqq i$. Da K beschränkt ist, wird deshalb $F^{-1}(K)$ nur von endlich vielen $\bar{V}_i$ geschnitten; sei etwa $F^{-1}(K) \subset \bar{V}_1 \cup \ldots \cup \bar{V}_r$. Da die $\bar{V}_i$ kompakt sind, ist $F^{-1}(K)$ abgeschlossene Teilmenge einer kompakten Menge, und damit ist $F^{-1}(K)$ selbst kompakt. F ist also eigentlich.

b) Es sei $K \subset \mathbb{R}^s$ kompakt. Zu zeigen ist, daß unter obigen Voraussetzungen auch $G^{-1}(K)$ kompakt ist. K' bezeichne die Menge der Punkte aus $\mathbb{R}^s$, die (bzgl. der Komponentenmetrik) von K einen Abstand $\leqq 1$ haben. K' ist ebenfalls kompakt. Wegen $|F^i(x) - G^i(x))| < 1$ gilt $G^{-1}(K) \subset F^{-1}(K')$. Da F eigentlich ist, ist $F^{-1}(K')$ kompakt, und damit ist auch die abgeschlossene Teilmenge $G^{-1}(K)$ kompakt.

5.11 Satz: Jeder k-differenzierbare Raum $A = (X, \mathscr{A})$, $k \geqq 2$, mit $\operatorname{einbdim}_x A \leqq n$, $x \in X$, läßt sich in den $\mathbb{R}^{2n+1}$ einbetten.

Beweis: Nach 4.8 darf man ohne Einschränkung annehmen, daß A Unterraum eines $\mathbb{R}^m$ ist. Man wähle im $\mathbb{R}^m$ eine solche Umgebung U von X, wie sie in der Aussage von 5.9 auftritt. Nach 5.10, a) existiert eine eigentliche C^k-Abbildung $F: U \to \mathbb{R}^{2n+1}$. Man setze $\delta(x) := 1$, $x \in U$. Nach 5.9 existiert zu F eine δ-Approximation $G: U \to \mathbb{R}^{2n+1}$, so daß $G|\bar{X} \cap U$ injektiv ist und G eine Immersion $A \to \mathbb{R}^{2n+1}$ induziert. Diese Immersion ist sogar eine Einbettung: Nach 5.10, b) ist G eigentlich und damit auch $G|\bar{X} \cap U$ (weil $\bar{X} \cap U$ bzgl. U abgeschlossen ist). Außerdem ist $G|\bar{X} \cap U$ injektiv und stetig. Foglich ist $G|\bar{X} \cap U$ ein Homöomorphismus (von $\bar{X} \cap U$ auf $G(\bar{X} \cap U)$). Wegen $X \subset \bar{X} \cap U$ ist dann auch $G|X: X \to G(X)$ ein Homöomorphismus, was noch zu zeigen war.

Durch 5.11 wird der Whitneysche Einbettungssatz für differenzierbare Mannigfaltigkeiten verallgemeinert. In [11] hat K. Spallek einen entsprechenden Einbettungssatz für eine sehr viel speziellere Klasse differenzierbarer Räume bewiesen, nämlich für solche Räume $A = (X, \mathscr{A})$, für die X lokalkompakt ist und die lokal durch solche differenzierbaren Unterräume $D = (Y, \mathscr{D}^k(Y)/\mathscr{I})$ eines $\mathbb{R}^m$ definiert sind, bei denen die Idealgarbe $\mathscr{I} \subset \mathscr{D}^k(Y)$ in gewissem Sinne abgeschlossen ist ([11], p. 295, Korollar 9.4). Auch dieses Resultat von Spallek ist durch 5.11 verallgemeinert.

KAPITEL II

Differenzierbare Abbildungen und topologische Dimension

§ 1 Differenzierbare Abbildungen von Mannigfaltigkeiten

Zunächst werden einige Hilfssätze im Zusammenhang mit dem Begriff der topologischen Dimension angegeben. Es seien im folgenden X, Y metrische Räume mit abzählbarer Basis.

1.1 Hilfssatz: a) Ist $X = \bigcup_{i \in \mathbb{N}} A_i$, $A_i \subset X$ abgeschlossen mit $\dim A_i \leqq \nu$, so folgt $\dim X \leqq \nu$.
b) Ist $X = A \cup B$ mit $\dim A \leqq \nu$, $\dim B \leqq \nu$ und ist A oder B abgeschlossen, so folgt $\dim X \leqq \nu$.

Beweis: siehe [3], p. 30, Theorem III.2 und p. 32, Corollary 1.

1.2 Hilfssatz: Ist $\pi: X \to Y$ eine stetige, abgeschlossene, surjektive Abbildung und gilt für alle $y \in Y$: $\dim \pi^{-1}(y) \leqq \nu$, so folgt $\dim X \leqq \dim Y + \nu$.

Beweis: siehe [6], p. 63, Theorem III. 6.

1.3 Hilfssatz: Für eine Teilmenge $Y \subset X$ bezeichne $m_p(Y)$ das p-dimensionale äußere Hausdorff-Maß von Y (vgl. [3], p. 102, Definition VII. 1). Dann gilt:
Aus

$$m_{\nu+1}(X) = 0 \quad \text{folgt} \quad \dim X \leqq \nu.$$

Beweis: siehe [3], p. 104, Theorem VII. 3.

Im folgenden sei $F: M \to N$ stets eine C^k-Abbildung zwischen zwei C^k-Mannigfaltigkeiten (mit abzählbarer Basis). Es sei $n := \dim M$, und $\operatorname{rang}_x F$ bezeichne den Rang von F im Punkte $x \in M$. Für $r \geqq 0$ definieren wir:

$$A_r := \{x \in M;\ \operatorname{rang}_x F = r\}; \quad B_r := \{x \in M;\ \operatorname{rang}_x F \leqq r\}.$$

B_r ist eine abgeschlossene Teilmenge von M.

1.4 Lemma: Ist $k \geqq \dfrac{n}{\nu + 1}$, $\nu \geqq 0$, so gilt $\dim F(A_0) \leqq \nu$.

1.5 Hilfssatz: Ist $U' \subset \mathbb{R}^n$ ein Gebiet, $F': U' \to \mathbb{R}^m$ eine C^k-Abbildung und $A_0' := \{x \in U';\ \operatorname{rang}_x F' = 0\}$, so gilt für $k \geqq \dfrac{n}{p}$: $m_p(F'(A_0')) = 0$.

Beweis: siehe [9], p. 888, Theorem 6.1.

Beweis zu 1.4: Da sich N in einen $\mathbb{R}^m$ einbetten läßt, darf man ohne Einschränkung $N = \mathbb{R}^m$ annehmen. Zu $x \in M$ existiert eine Umgebung $U \subset M$ und ein C^k-Diffeomorphismus $\Phi: U \to U'$ auf ein Gebiet $U' \subset \mathbb{R}^n$. Setzt man $F' := F \circ \Phi^{-1}$, $A_0' := \{x' \in U';\ \operatorname{rang}_{x'} F' = 0\}$, so ist $F(A_0 \cap U) = F'(A_0')$, und wegen $k \geqq \dfrac{n}{\nu + 1}$ folgt aus 1.5: $m_{\nu+1}(F(A_0 \cap U)) = 0$. Da sich M durch abzählbar viele Mengen U dieses Typs überdecken läßt, ist $F(A_0)$ Vereinigung von abzählbar vielen Mengen B_i mit $m_{\nu+1}(B_i) = 0$. Dann ist auch $m_{\nu+1}(F(A_0)) = 0$, und mit 1.3 folgt $\dim F(A_0) \leqq \nu$.

1.6 Lemma: Ist $r < n$, $\nu \geqq r$ und $k \geqq \dfrac{n-r}{\nu+1-r}$, so gilt $\dim F(A_r) \leqq \nu$.

1.7 Hilfssatz: Ist $F: M \to \mathbb{R}^m$ eine C^k-Abbildung, $\dim M = n$ und $\operatorname{rang}_{x_0} F = r > 0$, $x_0 \in M$, so existiert zu x_0 eine Umgebung $U \subset M$ und ein Diffeomorphismus $\Phi: U \to V$, $V \subset \mathbb{R}^n$ offen, so daß die Abbildung $H := F \circ \Phi^{-1}$ nach geeigneter Umnumerierung der Koordinaten des $\mathbb{R}^m$ folgende Gestalt hat:

$$H(y) = (y_1, \ldots, y_r, h_{r+1}(y), \ldots, h_m(y)); \quad y = (y_1, \ldots, y_n) \in V \subset \mathbb{R}^n.$$

Beweis: Da M eine Mannigfaltigkeit ist, existiert zu x_0 eine Umgebung $U \subset M$ und ein Diffeomorphismus $\psi: U \to W$, $W \subset \mathbb{R}^n$ offen. Setzt man $H' := F \circ \psi^{-1}$, $H' = (h_1', \ldots, h_m')$ und $y_0' := \psi(x_0)$, so hat nach Voraussetzung die Funktionalmatrix $dH'(y_0')$ den Rang r und besitzt deshalb eine r-reihige nicht verschwindende Unterdeterminante D. Man darf annehmen:

$$D = \det\left(\frac{\partial h_j'}{\partial y_i'}(y_0')\right) \quad 1 \leqq i \leqq r, 1 \leqq j \leqq r.$$

Man setze

$$y_i = g_i(y') := \begin{cases} h_i'(y') & \text{für } 1 \leqq i \leqq r \\ y_i' & \text{für } r+1 \leqq i \leqq n. \end{cases}$$

Dadurch ist eine C^k-Abbildung $G = (g_1, \ldots, g_n): W \to \mathbb{R}^n$ gegeben.
Nach Konstruktion gilt $\det(dG(y_0')) = D \neq 0$. Nach Verkleinerung von W und U darf man annehmen, daß $G: W \to V$ ein Diffeomorphismus ist, $V \subset \mathbb{R}^n$ offen. Dann hat die Abbildung $H := F \circ \psi^{-1} \circ G^{-1}$ die in 1.7 geforderte Gestalt. Man setze $\Phi := G \circ \psi$.

Beweis zu 1.6: Ohne Einschränkung darf man $N = \mathbb{R}^m$ annehmen (Einbettungssatz benutzen!). Für $r = 0$ ergibt sich die Aussage aus 1.4 und für $r = m$ ist $\dim F(A_r) \leqq \dim \mathbb{R}^m = r$. Also darf man im folgenden $0 < r < \min\{m, n\}$ annehmen. Zu $x_0 \in A_r$ existiert nach 1.7 eine Umgebung $U \subset M$ und einen Diffeomorphismus $\Phi: U \to V$, $V \subset \mathbb{R}^n$ offen, so daß $H = F \circ \Phi^{-1}$ (nach Umnumerierung der Koordinaten im $\mathbb{R}^m$) folgende Gestalt hat:

$$H(y) = (y_1, \ldots, y_r, h_{r+1}(y), \ldots, h_m(y)); \quad y \in V.$$

Dann gilt:

$$(*)\ dH(y) = \begin{pmatrix} I_r & 0 \\ A(y) & B(y) \end{pmatrix} \quad \text{mit} \quad B(y) = \left(\frac{\partial h_j}{\partial y_i}(y)\right)_{r+1 \leqq i, j \leqq n},$$

wobei I_r die r-reihige Einheitsmatrix bedeutet. Man darf annehmen, daß gilt: $V = V' \times V''$ mit $V' \subset \mathbb{R}^r$ offen, $V'' \subset \mathbb{R}^{n-r}$ offen. Zur Abkürzung setze man $y' := (y_1, \ldots, y_r)$, $y'' := (y_{r+1}, \ldots, y_n)$. Für $y' \in V'$ betrachte man folgende C^k-Abbildung:

$$H^{y'}: V'' \to \mathbb{R}^m$$

$$y'' \mapsto H(y', y'') = (y', h_{r+1}(y', y''), \ldots, h_m(y', y'')).$$

Es sei $\tilde{A}_r := \{y \in V;\ \operatorname{rang}_y H = r\}$ und $A_0^{y'} := \{y'' \in V'';\ \operatorname{rang}_{y''} H^{y'} = 0.\}$ Wegen (*) ist $\operatorname{rang}_y H \geqq r$ für alle $y \in V$ und folglich $\tilde{A}_r$ abgeschlossen bzgl. V. Außerdem folgt aus (*), daß $y = (y', y'') \in V$ genau dann in $\tilde{A}_r$ liegt, wenn gilt $y'' \in A_0^{y'}$.

Wegen $k \geqq \frac{n-r}{\nu+1-r}$, $\nu \geqq r$ hat man nach 1.4: $\dim H^{y'}(A_0^{y'}) \leqq \nu - r$. Es seien $W' \subset V'$, $W'' \subset V''$ relativkompakte offene Teilmengen, so daß $W := W' \times W''$ Umgebung von $y_0 = \Phi(x_0)$ im $\mathbb{R}^n$ ist, $\bar{W} \subset V$. Dann ist $G := \Phi^{-1}(W)$ Umgebung von x_0 in M, $\bar{G} \subset U$, $\bar{G}$ kompakt.
Es sei $K := F(A_r \cap \bar{G}) = H(\tilde{A}_r \cap \bar{W})$, und $\pi : \mathbb{R}^m \to \mathbb{R}^r$ bezeichne die Projektion auf die ersten r Komponenten. Als stetiges Bild der kompakten Menge $\tilde{A}_r \cap \bar{W}$ ist K kompakt, und folglich ist die Abbildung $\pi | K$ abgeschlossen. Für $y' \in \pi(K)$ gilt nach Konstruktion: $(\pi | K)^{-1}(y') \subset H^{y'}(A_0^{y'})$ und folglich ist

$$\dim (\pi | K)^{-1}(y') \leqq \dim H^{y'}(A_0^{y'}) \leqq \nu - r.$$

Daraus folgt mit 1.2:

$$\dim K \leqq \dim \pi(K) + \nu - r \leqq \dim \mathbb{R}^r + \nu - r = \nu.$$

Zu jedem $x_0 \in A_r$ existiert also eine Umgebung G in M, so daß $F(A_r \cap \bar{G})$ abgeschlossen ist und die Dimension $\leqq \nu$ hat. Da sich A_r durch abzählbar viele Mengen G dieses Typs überdecken läßt, folgt mit 1.1:

$$\dim F(A_r) \leqq \nu.$$

1.8 Lemma: Ist $r < n$, $\nu \geqq r$ und $k \geqq \frac{n-r}{\nu+1-r}$, so gilt $\dim F(B_r) \leqq \nu$.

Beweis: a) Es sei $\nu \leqq n-1$: Der Beweis geschieht durch Induktion über r. Der Induktionsanfang ($r = 0$) ergibt sich aus 1.4. Die Behauptung sei für $r-1$ bereits bewiesen ($0 < r < n$). Es ist $B_r = B_{r-1} \cup A_r$. Nach Voraussetzung gilt $k \geqq \frac{n-r}{\nu+1-r}$, $r \leqq \nu$. Wegen $\nu \leqq n-1$ ist die partielle Ableitung von $\frac{n-r}{\nu+1-r}$ nach r positiv (für $r \leqq \nu$), und folglich gilt: $k \geqq \frac{n-r}{\nu+1-r} \geqq \frac{n-(r-1)}{\nu+1-(r-1)}$. Nach Induktionsvoraussetzung ist deshalb $\dim F(B_{r-1}) \leqq \nu$. Ferner ist $\dim F(A_r) \leqq \nu$ nach 1.6. Es sei $\{U_i\}$ eine abzählbare offene Überdeckung von M, $\bar{U}_i$ kompakt. Dann ist

$$\dim F(B_{r-1} \cap \bar{U}_i) \leqq \nu, \quad \dim F(A_r \cap \bar{U}_i) \leqq \nu,$$

und $F(B_{r-1} \cap \bar{U}_i)$ ist abgeschlossen (als stetiges Bild einer kompakten Menge). Wegen $B_r \cap \bar{U}_i = (A_r \cap \bar{U}_i) \cup (B_{r-1} \cap \bar{U}_i)$ folgt hieraus nach 1.1, b): $\dim F(B_r \cap \bar{U}_i) \leqq \nu$. Nach 1.1, a) erhält man daraus $\dim F(B_r) \leqq \nu$.

b) Es sei $\nu \geqq n$: Für $k = 1$ folgt aus a) (mit $r = \nu = n-1$): $\dim F(B_{n-1}) \leqq n-1$. Wegen $B_r \subset B_{n-1}$ (für $r < n$) erhält man $\dim F(B_r) \leqq n-1 < \nu$.

1.9 Korollar: Ist $r < n$ und $k \geqq n-r$, so gilt $\dim F(B_r) \leqq r$.

Beweis: Die Behauptung folgt aus 1.8 mit $\nu = r$.

1.10 Bemerkung: Ein Beispiel von H. Whitney zeigt, daß 1.9 dann nicht richtig bleibt, wenn man keine Bedingung an den Grad k der Differenzierbarkeit von F stellt. Whitney konstruierte in [12] eine C^1-Abbildung $F: \mathbb{R}^2 \to \mathbb{R}$, so daß die Menge B_0 ein stetiges Kurvenstück enthält, auf dem F nicht konstant ist. Dann enthält $F(B_0) \subset \mathbb{R}$ mindestens ein offenes Intervall, d. h. es ist $\dim F(B_0) = 1 > 0$.

1.11 Lemma: Ist $r := \max\{\mathrm{rang}_x F;\ x \in M\}$, so hat $F(A_r)$ in jedem Punkt die Dimension r.

Beweis: A_r ist eine offene Teilmenge von M, und F hat in A_r den konstanten Rang r. Nach dem Rangtheorem für differenzierbare Abbildungen existiert zu jedem $x \in A_r$ eine Umgebung U in M, $U \subset A_r$, so daß $F(U)$ eine r-dimensionale C^k-Untermannigfaltigkeit von N ist. Dann gilt $\dim F(U) = r$ und $\dim_y F(A_r) \geqq \dim_y F(U) = r$ für alle $y \in F(U)$. Es sei V eine weitere Umgebung von x mit $\bar{V} \subset U$, $\bar{V}$ kompakt. Dann ist $F(\bar{V})$ abgeschlossen und $\dim F(\bar{V}) \leqq \dim F(U) = r$. Da sich A_r durch abzählbar viele solcher Mengen V überdecken läßt, folgt nach 1.1: $\dim F(A_r) \leqq r$. Wegen $\dim_y F(A_r) \geqq r$ für alle $y \in F(A_r)$ folgt die Behauptung.

1.12 Satz: Es sei $F: M \to N$ eine C^k-Abbildung zweier C^k-Mannigfaltigkeiten, und es sei $\dim M = n$. Dann gilt

$$\dim F(M) = \max\{\mathrm{rang}_x F;\ x \in M\} =: r,$$

falls $k \geqq \dfrac{n-r+1}{2}$.

Beweis: Es ist $M = B_{r-1} \cup A_r$. Für $k \geqq \dfrac{n-r+1}{2}$ folgt aus 1.8: $\dim F(B_{r-1}) \leqq r$ und nach 1.11 gilt $\dim F(A_r) = r$.

Man überdecke M durch abzählbare viele kompakte Mengen K_i. Wegen

$$F(K_i) = F(B_{r-1} \cap K_i) \cup F(A_r \cap K_i), \quad F(B_{r-1} \cap K_i) \text{ kompakt},$$

folgt mit 1.1, b): $\dim F(K_i) \leqq r$ und daraus mit 1.1, a): $\dim F(M) \leqq r$. Wegen $\dim F(M) \geqq \dim F(A_r) = r$ erhält man $\dim F(M) = r$.

1.13 Korollar: Ist $k \geqq n$, so gilt für alle $r \geqq 0$: $\dim F(B_r) \leqq r$.

Beweis: Für $r < n$ folgt die Behauptung aus 1.9. Für $r \geqq n$ ist $B_r = M$ und dann folgt aus 1.12: $\dim F(B_r) = \max\{\mathrm{rang}_x F\} \leqq n \leqq r$.
Zum Abschluß des Paragraphen sollen zwei Anwendungen der obigen Aussagen angegeben werden.

1.14 Satz: Es sei $F: M \to N$ eine abgeschlossene C^k-Abbildung zweier C^k-Mannigfaltigkeiten M, N mit $\dim M = n$, $\dim N = m$, und N sei zusammenhängend. Ferner sei die Menge $A_{m-1} := \{x \in M;\ \mathrm{rang}_x F = m-1\}$ leer und $k \geqq n - m + 2$. Dann gilt: F ist surjektiv, sobald $F(M)$ in N innere Punkte besitzt.

1.15 Hilfssatz: Es sei N eine zusammenhängende, m-dimensionale, topologische Mannigfaltigkeit und $U \subset N$ eine offene, nicht leere und nicht dichte Teilmenge. Dann hat der Rand ∂U die Dimension $m-1$.

Beweis: siehe [3], p. 47, Remark.

Beweis zu 1.14: $F(M)^\circ$ bezeichne den offenen Kern von $F(M)$ in N. Es sei $F(M)^\circ \neq \emptyset$. Insbesondere gilt dann $n \geqq m$; denn andernfalls hätte $F(M)$ in N das Lebesgue-Maß Null ([4], p. 10, Corollary 1.17). Zu zeigen ist $F(M) = N$. Da F abgeschlossen ist, braucht man nur $\overline{F(M)^\circ} = N$ zu beweisen. Wegen $\mathrm{rang}_x F \leqq m$, $A_{m-1} = \emptyset$ gilt $M = B_{m-2} \cup A_m$. Für jedes $x \in A_m$ hat man $F(x) \in F(M)^\circ$; denn eine gewisse Umgebung von x wird auf eine offene Teilmenge von N abgebildet (Rangtheorem!). Es bezeichne $\partial F(M)^\circ$

den Rand von $F(M)^\circ$. Da F abgeschlossen ist, gilt $\partial F(M)^\circ \subset F(M)$, und wegen $F(A_m) \subset F(M)^\circ$ folgt $\partial F(M)^\circ \subset F(B_{m-2})$. Wegen $k \geqq n - m + 2$ erhält man deshalb nach 1.9: $\dim \partial F(M)^\circ \leqq \dim F(B_{m-2}) \leqq m - 2$. Hieraus folgt nach 1.15, daß $F(M)^\circ$ dicht in N ist.

1.16: Eine C^k-Abbildung $F: M \to N$ heißt *trivial in* x, $x \in M$, wenn es in einer Umgebung von x und in einer Umgebung von $F(x)$ differenzierbare Koordinaten $(x_1, \ldots, x_n)$ bzw. $(y_1, \ldots, y_m)$ gibt, bezüglich derer F folgende Darstellung hat:

$$(x_1, \ldots, x_n) \mapsto (x_1, \ldots, x_r, 0, \ldots, 0); \quad 0 \leqq r \leqq \min\{m, n\}.$$

F ist genau dann trivial in x, wenn eine Umgebung von x in M existiert, in der F konstanten Rang hat (Rangtheorem anwenden!). Ist $y \in F(M)$ und F trivial in jedem Punkt $x \in F^{-1}(y)$, so soll die Faser $F^{-1}(y)$ eine *trivale Faser* heißen.

1.17 Satz: Ist $k \geqq n = \dim M$, so liegt die Menge derjenigen Punkte aus $F(M)$, deren Faser trivial ist, dicht in $F(M)$.

Beweis: Es sei $V \subset F(M), V \neq \varnothing, V$ offen bzgl. $F(M)$. Zu finden ist dann ein $y_0 \in V$, so daß $F^{-1}(y_0)$ trivial ist. Sei $U := F^{-1}(V)$ und $r := \max\{\operatorname{rang}_x F; x \in U\}$. Nach 1.11 ist $\dim F(A_r \cap U) = r$, und nach 1.13 gilt $\dim F(B_{r-1} \cap U) \leqq r - 1$. Folglich existiert ein $y_0 \in F(A_r \cap U) \subset V, y_0 \notin F(B_{r-1} \cap U)$. Wegen $U = (A_r \cap U) \cup (B_{r-1} \cap U)$, $F^{-1}(y_0) \subset U$ folgt dann $F^{-1}(y_0) \subset A_r \cap U$. Da $A_r \cap U$ offen ist, hat F in jedem Punkt $x \in F^{-1}(y_0)$ den lokalkonstanten Rang r, und somit ist die Faser $F^{-1}(y_0)$ trivial.

§ 2 Differenzierbare Abbildungen differenzierbarer Räume

Im folgenden sei $\mathfrak{f}: A \to A'$, $\mathfrak{f} = (f, f^*)$, stets eine k-differenzierbare Abbildung zweier k-differenzierbarer Räume $A = (X, \mathscr{A})$, $A' = (X', \mathscr{A}')$.

2.1 Definition: Ist $x \in X$ und sind $(U, \mathfrak{g}, D)$ und $(U', \mathfrak{g}', D')$ differenzierbare Karten von A bzw. von A' mit $x \in U$ und $f(U) \subset U'$, so soll der Rang der linearen Abbildung

$$d(\mathfrak{g}' \circ \mathfrak{f} \circ \mathfrak{g}^{-1})_{g(x)} : T_{g(x)}(D) \to T_{g'(f(x))}(D')$$

der *Rang von* $\mathfrak{f}$ *in* x heißen (Bezeichnung: $\operatorname{rang}_x \mathfrak{f}$).

Die Definition von $\operatorname{rang}_x \mathfrak{f}$ hängt nicht von der Auswahl der differenzierbaren Karten ab. Durch 2.1 wird der Rangbegriff bei Abbildungen von Mannigfaltigkeiten verallgemeinert.

Im folgenden setzen wir für $r \geqq 0 : B_r := \{x \in X; \operatorname{rang}_x \mathfrak{f} \leqq r\}$.

2.2 Satz: Ist $k \geqq \sup\{\operatorname{einbdim}_x A; x \in X\}$, so gilt für alle $r \geqq 0 : \dim f(B_r) \leqq r$.

2.3 Hilfssatz: Es sei speziell A ein k-differenzierbarer Unterraum des $\mathbb{R}^n$ und $A' = \mathbb{R}^m$. Man setze $X_n := \{x \in X; \operatorname{einbdim}_x A = n\}$. Ist $k \geqq n$, so liegt $f(B_r \cap X_n)$ in einer abzählbaren Vereinigung kompakter Mengen der Dimension $\leqq r$.

Beweis: $\mathfrak{f}$ werde durch die C^k-Abbildung $F: U \to \mathbb{R}^m$ induziert, $X \subset U \subset \mathbb{R}^n$, U offen. Für $x \in X_n$ ist $\dim T_x(A) = \operatorname{einbdim}_x A = n$, also $T_x(A) = \mathbb{R}^n$ und folglich $d\mathfrak{f}_x = dF_x$, $\operatorname{rang}_x \mathfrak{f} = \operatorname{rang}_x F$. Setzt man $B'_r := \{x \in U; \operatorname{rang}_x F \leqq r\}$, so gilt also $B_r \cap X_n \subset B'_r$. Nach 1.13 ist $\dim F(B'_r) \leqq r$. Da B'_r bzgl. U abgeschlossen ist, läßt sich B'_r und damit auch $F(B'_r)$ als abzählbare Vereinigung kompakter Teilmengen schreiben. Wegen $f(B_r \cap X_n) \subset F(B'_r)$ folgt die Behauptung.

Beweis zu 2.2: Da sich A' lokal in einen $\mathbb{R}^m$ einbetten läßt, darf man wegen $\dim f(B_r) = \sup\{\dim_y f(B_r); y \in f(B_r)\}$ ohne Einschränkung $A' = \mathbb{R}^m$ annehmen. Für $s \geqq 0$ setzen wir $X_s := \{x \in X; \text{einbdim}_x A = s\}$. Im folgenden soll gezeigt werden, daß $f(B_r \cap X_s)$ in einer abzählbaren Vereinigung kompakter Mengen der Dimension $\leqq r$ enthalten ist. Wegen $f(B_r) = \bigcup_{s \geqq 0} f(B_r \cap X_s)$ ist dann auch $f(B_r)$ in einer solchen Vereinigung enthalten, und nach 1.1 a) folgt $\dim f(B_r) \leqq r$. Sei $X_s \neq \varnothing$. Da A in allen Punkten von X_s die Einbettungsdimension s hat, existieren abzählbar viele differenzierbare Karten $(U_i, \mathfrak{g}_i, D_i)$ von A im $\mathbb{R}^s$, so daß $X_s \subset \bigcup_i U_i$. Es sei $D_i = (X_i, \mathscr{A}_i)$, $\mathfrak{f}_i := \mathfrak{f} \circ \mathfrak{g}_i^{-1}$, $B_r^i := \{x \in X_i; \text{rang}_x \mathfrak{f}_i \leqq r\}$ und $X_s^i := \{x \in X_i; \text{einbdim}_x D_i = s\}$. Wegen $k \geqq \sup\{\text{einbdim}_x A\} \geqq s$ ist $f_i(B_r^i \cap X_s^i)$ nach 2.3 in einer abzählbaren Vereinigung kompakter Mengen der Dimension $\leqq r$ enthalten, und dann gilt entsprechendes auch für $f(B_r \cap X_s) = \bigcup_i f_i(B_r^i \cap X_s^i)$.

2.4 Definition: Sei $\mathfrak{f}: A \to A'$ wie oben; $A = (X, \mathscr{A})$, $A' = (X', \mathscr{A}')$. $x \in X$ heißt *kritischer Punkt* von $\mathfrak{f}$, wenn gilt: $\text{rang}_x \mathfrak{f} < \dim_{f(x)} X'$. Die Menge aller kritischen Punkte heißt die *kritische Menge* von $\mathfrak{f}$.

2.5 Satz: K bezeichne die kritische Menge von $\mathfrak{f}$. Ist $k \geqq \sup\{\text{einbdim}_x A; x \in A\}$, dann ist $X' - f(K)$ dicht in X'.

Beweis: Ohne Einschränkung darf man annehmen, daß A' ein k-differenzierbarer Unterraum des $\mathbb{R}^m$ ist. Dann gilt $\text{rang}_x \mathfrak{f} \leqq m$ für alle $x \in X$, also $X = B_m$. Wir zeigen im folgenden, daß $X' - f(K \cap B_r)$ in $X' - f(K \cap B_{r-1})$ dicht ist für $0 \leqq r \leqq m$ (wobei $B_{-1} := \varnothing$).
Daraus folgt nämlich, daß $X' - f(K) = X' - f(K \cap B_m)$ dicht ist in

$$X' = X' - f(K \cap B_{-1}).$$

Sei $x' \in X' - f(K \cap B_{r-1})$ vorgegeben und U' eine beliebige Umgebung von x' in X'. Zu beweisen ist die Existenz eines Punktes $y' \in U' \cap (X' - f(K \cap B_r))$.
Im Falle $x' \notin f(K \cap B_r)$ ist nichts zu beweisen (man setze $y' = x'$). Im Falle $x' \in f(K \cap B_r)$ existiert wegen $x' \notin f(K \cap B_{r-1})$ ein $x \in K$ mit $x' = f(x)$ und $\text{rang}_x \mathfrak{f} = r$. Wegen $x \in K$ gilt $\dim_{x'} X' > r$ und nach 2.2 ist $\dim_{x'} f(B_r) \leqq r$. Folglich existiert in jeder Umgebung von x', insbesondere in U', ein Punkt y' mit $y' \notin f(B_r)$. Dann ist $y' \in U' \cap (X' - f(K \cap B_r))$.

Für den Fall, daß A' eine m-dimensionale C^k-Mannigfaltigkeit M ist, hat K. Spallek folgenden Satz bewiesen ([11], p. 286, Satz 7.1): Ist $k \geqq \sup\{\text{einbdim}_x A\} - m + 1$, so hat $f(K)$ das Lebesgue-Maß Null in M (insbesondere ist $M - f(K)$ dicht in M). Abgesehen von den etwas verschiedenen Forderungen an den Grad k der Differenzierbarkeit, läßt sich 2.5 als Verallgemeinerung dieses Resultats auffassen, das seinerseits eine Verallgemeinerung des bekannten Sardschen Satzes darstellt ([9], p. 889, Theorem 7.2).

§ 3 Differenzierbare und holomorphe Abbildungen komplexer Räume

Unter einem komplexen Raum X verstehen wir hier stets einen reduzierten (*Serre*schen) komplexen Raum mit abzählbarer Basis. Im Unterschied zur topologischen Dimension $\dim X$ werde die komplexe Dimension von X (in x) mit $\mathbb{C}\text{-}\dim X$ (bzw. $\mathbb{C}\text{-}\dim_x X$) bezeichnet. $R(X)$ sei stets die Menge der regulären Punkte von X und $S(X)$ die Menge der singulären Punkte. Es ist $S(X)$ ein komplexer Unterraum von X mit $\mathbb{C}\text{-}\dim S(X) < \mathbb{C}\text{-}\dim X$.

Bezeichnet $\mathcal{D}^k(X)$ die Garbe der Keime von k-differenzierbaren Funktionen auf X, so ist $(X, \mathcal{D}^k(X))$ ein k-differenzierbarer Raum. Jeder komplexe Atlas von X läßt sich als differenzierbarer Atlas auffassen. Der Raum $(X, \mathcal{D}^k(X))$ ist reduziert, d. h. lokal diffeomorph zu solchen k-differenzierbaren Unterräumen eines $\mathbb{R}^n$, die im Sinne von I, 1.16 reduziert sind.
Ist X' ein weiterer komplexer Raum, so verstehen wir unter einer k-differenzierbaren Abbildung $f: X \to X'$ eine k-differenzierbare Abbildung $(X, \mathcal{D}^k(X)) \to (X', \mathcal{D}^k(X'))$ im Sinne von I, 3.3. Genauer müßte man eigentlich (f, f^*) statt f schreiben; da jedoch die Räume reduziert sind, ist f^* durch f bereits eindeutig bestimmt, so daß sich die Angabe von f^* erübrigt. Für $x \in X$, $x' := f(x)$, hat nämlich die Abbildung f_x^* folgende Form:

$$f_x^*: \mathcal{D}^k(X')_{x'} \to \mathcal{D}^k(X)_x; \quad \alpha_{x'} \mapsto \alpha_{x'} \circ f_x.$$

(Man beachte, daß die Halme von $\mathcal{D}^k(X)$ und $\mathcal{D}^k(X')$ aus Funktionskeimen bestehen.)
Jede holomorphe Abbildung $X \to X'$ ist k-differenzierbar.

Im folgenden sei $f: X \to X'$ stets eine k-differenzierbare Abbildung komplexer Räume. Für solche Abbildungen soll die in 2.1 gegebene Definition des Ranges in einer Weise modifiziert werden, die besondere Rücksicht auf die geometrische Gestalt komplexer Räume nimmt:

3.1 Definition: Es sei $x \in X$ und $\mathfrak{U}(x)$ der Umgebungsfilter von x in X. Wir definieren:

$$\mathrm{rg}_x f := \begin{cases} \mathrm{rang}_x f, & \text{falls } x \in R(X) \\ \inf\limits_{U \in \mathfrak{U}(x)} \{\sup \{\mathrm{rang}_y f;\ y \in U \cap R(X)\}\}, & \text{falls } x \in S(X). \end{cases}$$

3.2 Bemerkung: In den Punkten $x \in S(X)$ kann sowohl $\mathrm{rg}_x f < \mathrm{rang}_x f$ als auch $\mathrm{rang}_x f < \mathrm{rg}_x f$ gelten, wie folgende Beispiele zeigen: Es sei $X := \{(z_1, z_2) \in \mathbb{C}^2; z_1 \cdot z_2 = 0\} \subset \mathbb{C}^2$. Dann gilt für die Abbildung $f = id_X: X \to X$: $\mathrm{rg}_0 f = 2$, $\mathrm{rang}_0 f = 4$. Betrachtet man dagegen die Abbildung $h: X \to \mathbb{C}^1$, $(z_1, z_2) \mapsto z_1^2$, so hat man $\mathrm{rg}_0\, h = 2$, $\mathrm{rang}_0\, h = 0$.

3.3 Lemma: Für $x_0 \in S(X)$ gilt: $\mathrm{rg}_{x_0} f \,|\, S(X) \leqq \mathrm{rg}_{x_0} f$.
Zum Beweis von 3.3 benötigen wir den Begriff des Flügels im $\mathbb{C}^n$ (vgl. [13], p. 523):

3.4: Es sei $W = \{z = (z_1, \ldots, z_m);\ |z_j| < \alpha_j\} \subset \mathbb{C}^m$ ein Polyzylinder und $Z := W \times \{\lambda;\ 0 \leqq \lambda < \alpha\} \subset \mathbb{C}^m \times \mathbb{R}$. Ferner seien B, B_0, Q Teilmengen des $\mathbb{C}^n$. Ist $H: Z \to \mathbb{C}^n$ ein Homöomorphismus mit $H(Z) = B$, $H(W \times \{0\}) = B_0$ und $H(W \times \{0 < \lambda < \alpha\}) \subset Q$, dann heißt (Z, H, B) ein *Flügel im $\mathbb{C}^n$ von B_0 in Q*, wenn gilt:

a) Für $0 \leqq \lambda < \alpha$ ist $H_\lambda(z) := H(z, \lambda)$ biholomorph, und die partiellen Ableitungen $\dfrac{\partial H}{\partial z_j}$ sind stetig in Z.

b) In $W \times \{0 < \lambda < \alpha\}$ existiert $\dfrac{\partial H}{\partial \lambda}$ und ist dort stetig.

c) In $W \times \{0 < \lambda < \alpha\}$ sind die partiellen Ableitungen $\dfrac{\partial H}{\partial x_1}, \ldots, \dfrac{\partial H}{\partial x_m}, \dfrac{\partial H}{\partial y_1}, \ldots, \dfrac{\partial H}{\partial y_m}, \dfrac{\partial H}{\partial \lambda}$ linear unabhängig über $\mathbb{R}$ (dabei sei $z_j = x_j + iy_j$).

3.5 Hilfssatz: Es sei V eine reindimensionale analytische Menge in einem Gebiet $G \subset \mathbb{C}^n$, $M \subset V$ sei eine komplexe Untermannigfaltigkeit und $V' \subset V$ eine analytische Teilmenge mit $\mathbb{C}\text{-dim}\, M < \mathbb{C}\text{-dim}\, V$, $\mathbb{C}\text{-dim}\, V' < \mathbb{C}\text{-dim}\, V$. In jeder Umgebung eines vorgegebenen Punktes $x_0 \in M$ existiert eine offene Teilmenge M' von M und ein Flügel von M' in $V - V'$.

Beweis: siehe [13], p. 524, Lemma 13.5.

Beweis zu 3.3: Da sich X und X' lokal in komplexe Zahlenräume einbetten lassen, darf man annehmen, daß X eine analytische Menge in einem Gebiet $G \subset \mathbb{C}^n$ ist und $X' = \mathbb{C}^s$. Es sei $x_0 \in S(X)$ und $\varrho := \text{rg}_{x_0} f \mid S(X)$. Zu zeigen ist, daß in jeder Umgebung U von x_0 ein Punkt $y_0 \in U \cap R(X)$ existiert mit $\text{rang}_{y_0} f \geqq \varrho$. Fallunterscheidung:

a) x_0 ist regulärer Punkt von $S(X)$. Man darf $\mathbb{C}\text{-dim}_{x_0} S(X) > 0$ annehmen (sonst ist $\varrho = 0 \leqq \text{rg}_{x_0} f$). Sei U eine vorgegebene Umgebung von x_0 in G. Wegen $x_0 \in R(S(X))$ und $\text{rg}_{x_0} f \mid S(X) = \text{rang}_{x_0} f \mid S(X) = \varrho$ darf man nach Verkleinerung von U annehmen, daß U ein Gebiet ist, $M := U \cap S(X)$ eine zusammenhängende Untermannigfaltigkeit mit $\mathbb{C}\text{-dim}\, M > 0$ und $\text{rang}_x f \mid M \geqq \varrho$ für alle $x \in M$. Setzt man $V := X \cap U$, so gilt $M = S(V) \subset V$. Da M irreduzibel ist, existiert eine irreduzible Komponente V' von V mit $M \subset V'$ ([2], p. 156, Corollary). Wegen $M = S(V)$ gilt $\mathbb{C}\text{-dim}\, M < \mathbb{C}\text{-dim}\, V'$. Ferner ist V' reindimensional, da irreduzibel. Nach 3.5 existiert eine offene Teilmenge M' von M und ein Flügel (Z, H, B) im $\mathbb{C}^n$ von M' in $V' - M$. Wir übernehmen die Bezeichnungen von 3.4. Man betrachte die Abbildung $f' := f \circ H$, $f' : Z \to \mathbb{C}^s = \mathbb{R}^{2s}$. Da f lokal die Spur (auf X) einer C^k-Abbildung $\mathbb{R}^{2n} \to \mathbb{R}^{2s}$ ist und da H in Z stetige partielle Ableitungen nach $z_1, \ldots, z_m$ hat, besitzt f' in Z stetige partielle Ableitungen nach den Koordinaten $x_1, \ldots, x_m$, $y_1, \ldots, y_m$ des $\mathbb{C}^m = \mathbb{R}^{2m}$. Für $0 \leqq \lambda < \alpha$ ist $H_\lambda(z) = H(z, \lambda)$ biholomorph, insbesondere ist H_λ ein C^k-Diffeomorphismus von $W \times \{\lambda\}$ auf eine $2m$-dimensionale (reelle) C^k-Untermannigfaltigkeit M_λ von U. Es gilt $M_0 = M'$ und $M_\lambda \subset V' - S(V)$ für $\lambda > 0$.
Sei $f'_\lambda := f \circ H_\lambda$. Nach Konstruktion ist $\text{rang}_x f \mid M' \geqq \varrho$ für alle $x \in M'$. Folglich hat die (reelle) Funktionsmatrix $df'_0(z)$ in $W \times \{0\}$ einen Rang $\geqq \varrho$. Da die Koeffizienten von $df'_\lambda(z)$ stetig in z und λ sind, existiert dann auch ein Punkt $(z_0, \lambda_0) \in Z$, $\lambda_0 \neq 0$, mit rang $df'_{\lambda_0}(z_0) \geqq \varrho$. Setzt man $y_0 := H(z_0, \lambda_0)$, so gilt also $\text{rang}_{y_0} f \mid M_{\lambda_0} \geqq \varrho$ und $f_0 \in M_{\lambda_0} \subset V - S(V)$. Hieraus folgt $\text{rang}_{y_0} f \geqq \varrho$ und $y_0 \in U \cap R(X)$.
b) x_0 ist singulärer Punkt von $S(X)$. In jeder vorgegebenen offenen Umgebung U von x_0 in G liegt wegen $\text{rg}_{x_0} f \mid S(X) = \varrho$ ein Punkt $z_0 \in R(S(X))$ mit $\text{rang}_{z_0} f \mid S(X) = \varrho$. Nach a) existiert in U (aufgefaßt als Umgebung von z_0) ein Punkt $y_0 \in R(X)$ mit $\text{rang}_{y_0} f \geqq \varrho$.

3.6 Satz: Es sei $f: X \to Y$ eine k-differenzierbare Abbildung komplexer Räume, $k \geqq 2 \cdot \mathbb{C}\text{-dim}\, X$. Setzt man $B_r := \{x \in X;\ \text{rg}_x f \leqq r\}$, $r \geqq 0$, so gilt: $\dim f(B_r) \leqq r$.

Beweis: Da sich Y lokal in einen $\mathbb{C}^m$ einbetten läßt, darf man ohne Einschränkung $Y = \mathbb{C}^m$ annehmen.

a) Sei $\mathbb{C}\text{-dim}\, X =: n < \infty$. Durch Induktion über n wird beweisen, daß unter den Voraussetzungen des Satzes $f(B_r)$ in einer abzählbaren Vereinigung kompakter Mengen der Dimension $\leqq r$ enthalten ist. Daraus folgt die Behauptung nach 1.1, a). Im Fall $n = 0$ (Induktionsanfang) besteht X und folglich auch $f(X)$ aus höchstens abzählbar vielen Punkten. Also ist $f(B_r)$ in einer abzählbaren Vereinigung kompakter Mengen der Dimension $0 \leqq r$ enthalten. Es sei nun $\mathbb{C}$-dim $X = n \geqq 1$ und $R(X) = \bigcup_i M_i$ die Zerlegung von $R(X)$ in (abzählbar viele) Zusammenhangskomponenten. M_i läßt sich als C^k-Mannigfaltigkeit auffassen mit $\dim M_i \leqq 2 \cdot \mathbb{C}\text{-dim } X = 2n$. Wegen $k \geqq 2n$ und wegen $\mathrm{rg}_x f = \mathrm{rang}_x f$, $x \in R(X)$, folgt nach 1.13: $\dim f(B_r \cap M_i) \leqq r$. M_i läßt sich als abzählbare Vereinigung kompakter Teilmengen K_j^i darstellen. Dann ist $f(B_r \cap K_j^i)$ kompakt und $f(B_r \cap R(X)) = \bigcup_{i,j} f(B_r \cap K_j^i)$ abzählbare Vereinigung kompakter Mengen der Dimension $\leqq r$. Es bleibt zu zeigen, daß auch $f(B_r \cap S(X))$ in einer solchen Vereinigungsmenge liegt. Sei

$$X' := S(X), f' := f \mid X' \quad \text{und} \quad B_r' := \{x \in X';\ \mathrm{rg}_x f' \leqq r\}.$$

Nach 3.3 gilt $B_r \cap S(X) \subset B_r'$. Wegen $\mathbb{C}$-dim $X' < n$ ist nach Induktionsvoraussetzung $f'(B_r')$ und damit auch $f(B_r \cap S(X))$ in einer abzählbaren Vereinigung kompakter Mengen der Dimension $\leqq r$ enthalten.
b) Sei $\mathbb{C}$-dim $X = \infty$ und $k = \infty$. Es sei $\{U_i\}$ eine abzählbare, offene Überdeckung von X, so daß $\mathbb{C}$-dim $X \cap U_i < \infty$. Nach a) ist $f(B_r \cap U_i)$ in einer abzählbaren Vereinigung kompakter Mengen der Dimension $\leqq r$ enthalten. Dann gilt dasselbe auch für $f(B_r) = \bigcup_i f(B_r \cap U_i)$, und daraus folgt mit 1.1: $\dim f(B_r) \leqq r$.

3.7 Satz: Unter den Voraussetzungen von 3.6 gilt:

$$\dim f(X) = \sup \{\mathrm{rang}_x f;\ x \in R(X)\}.$$

Beweis: Es sei $r := \sup \{\mathrm{rang}_x f;\ x \in R(X)\} = \sup \{\mathrm{rg}_x f;\ x \in X\}$.
a) $r < \infty$: Es ist $X = B_r$ und folglich nach 3.6: $\dim f(X) \leqq r$. Nach Definition von r existiert ein $x_0 \in R(X)$ mit $\mathrm{rang}_{x_0} f = r$. Sei M die Zusammenhangskomponente von $R(X)$, in der x_0 liegt. M ist eine C^k-Mannigfaltigkeit, und es gilt $r = \max \{\mathrm{rang}_x f;\ x \in M\}$. Wegen $k \geqq 2 \cdot \mathbb{C}\text{-dim } X \geqq \dim M$ folgt nach 1.12: $\dim f(M) = r$, also $\dim f(X) \geqq r$. Insgesamt ergibt sich $\dim f(X) = r$.
b) $r = \infty$: Zu zeigen ist $\dim f(X) = \infty$. Es genügt, zu jeder natürlichen Zahl ν ein $y_0 \in f(X)$ anzugeben mit $\dim_{y_0} f(X) \geqq \nu$. Wegen $\sup \{\mathrm{rg}_x f\} = \infty$ existiert ein $x_0 \in X$ mit $\mathrm{rg}_{x_0} f \geqq \nu$. Sei U eine offene Umgebung von x_0, so daß $\sup \{\mathrm{rg}_x f;\ x \in U\} = r' < \infty$, $r' \geqq \nu$. Nach a) folgt $\dim f(U) = r' \geqq \nu$. Es existiert also ein $y_0 \in f(U)$ mit $\dim_{y_0} f(X) \geqq \dim_{y_0} f(U) = r' \geqq \nu$.

Im folgenden sei $f: X \to Y$ stets eine holomorphe Abbildung komplexer Räume. Für $x \in R(X)$ bezeichne $\mathbb{C}$-$\mathrm{rang}_x f$ den *komplexen Rang von f in x*. Gemeint ist hier der komplexe Rang der komplexen Differentialabbildung df_x. Führt man in x auf $R(X)$ lokale komplexe Koordinaten ein und bettet man Y im Punkte $f(x)$ lokal in einem $\mathbb{C}^m$ ein, so erhält man eine Koordinatendarstellung von f. Der komplexe Rang der zugehörigen Funktionalmatrix im Punkte x ist dann $\mathbb{C}$-$\mathrm{rang}_x f$.

3.8 Satz: Es sei $f: X \to Y$ holomorph. Dann gilt:

$$\dim f(X) = 2 \cdot \sup \{\mathbb{C}\text{-rang}_x f;\ x \in R(X)\}.$$

Beweis: f kann als ∞-differenzierbare Abbildung aufgefaßt werden. Für $x \in R(X)$ gilt $\mathrm{rang}_x f = 2 \cdot \mathbb{C}\text{-rang}_x f$ (folgt leicht aus den Cauchy-Riemannschen Differentialgleichungen). Damit erhält man die Behauptung aus 3.7.

Ist $f: X \to Y$ holomorph und $x \in X$, so sei $r_x f$ die komplexe Codimension von $f^{-1}(f(x))$ in x. Dies ist eine andere Möglichkeit einen (komplexen) Rang von f zu definieren. Im folgenden werden Beziehungen zwischen $r_x f$ und $\mathbb{C}$-$\mathrm{rang}_x f$ untersucht.

3.9 Bemerkung: a) $\mathbb{C}\text{-rang}_{x_0} f \leqq r_{x_0} f$ für $x_0 \in R(X)$.
b) $\sup \{\mathbb{C}\text{-rang}_x f;\ x \in R(X)\} = \sup \{r_x f;\ x \in X\}$.

Beweis: a) Da die Aussage lokal ist, darf man annehmen, daß X eine komplexe Mannigfaltigkeit ist und $Y = \mathbb{C}^m$. Es sei $r := \mathbb{C}\text{-rang}_{x_0} f$. Nach Hilfssatz 1.7 (der im Komplexen analog gilt), hat f bzgl. geeigneter komplexer Koordinaten $z = (z_1, \ldots, z_n)$ in einer Umgebung von x_0 die Gestalt $f(z) = (z_1, \ldots, z_r, f_{r+1}(z), \ldots, f_m(z))$. Sind $(z_1^0, \ldots, z_n^0)$ die Koordinaten von x_0, so gilt also lokal:

$$f^{-1}(f(x_0)) \subset \{z;\ z_1 = z_1^0, \ldots, z_r = z_r^0\}.$$

Hieraus folgt

$$\mathbb{C}\text{-dim}_{x_0} f^{-1}(f(x_0)) \leqq n - r, \quad \text{also} \quad r_{x_0} f \geqq r.$$

b) Zu jedem $x_0 \in X$ existiert eine Umgebung U mit $r_x f \geqq r_{x_0} f$ für alle $x \in U$ ([7], p. 346, Satz 15). Da $R(X)$ in X dicht liegt, braucht man deshalb nur folgende Gleichung zu beweisen:

$$r := \sup \{\mathbb{C}\text{-rang}_x f;\ x \in R(X)\} = \sup \{r_x f;\ x \in R(X)\} =: r'.$$

Man darf annehmen, daß $R(X) = M$ eine zusammenhängende Mannigfaltigkeit ist, $\mathbb{C}\text{-dim}\, M =: n$ (andernfalls betrachte man zunächst die Einschränkungen von f auf die einzelnen Zusammenhangskomponenten von $R(X)$). Dann ist $r < \infty$ und $r' < \infty$. Sei $D_{r-1} := \{x \in M;\ \mathbb{C}\text{-rang}_x f \leqq r - 1\}$ und $D'_{r'-1} := \{x \in M;\ r_x f \leqq r' - 1\}$. Dann gilt $D_{r-1} \neq M$, $D'_{r'-1} \neq M$, und D_{r-1}, $D'_{r'-1}$ sind analytische Mengen in M ([7], p. 347, Satz 16 und 17). Folglich sind die Mengen $M - D_{r-1}$ und $M - D'_{r'-1}$ offen und dicht in M, und damit ist $M' := M - (D_{r-1} \cup D'_{r'-1})$ eine offene, nicht leere Teilmenge von M. Für alle $x \in M'$ gilt $\mathbb{C}\text{-rang}_x f = r$, $r_x f = r'$. Es sei x_0 ein beliebiger Punkt von M'. In einer geeigneten Umgebung von x_0 hat dann f den konstanten komplexen Rang r. Nach dem Rangtheorem ([2], p. 160, Theorem 10) hat deshalb die Faser $f^{-1}(f(x_0))$ im Punkte x_0 lokal die Gestalt einer $(n - r)$-dimensionalen komplexen Untermannigfaltigkeit von M. Es folgt: $r' = r_{x_0} f = n - (n - r) = r$.

Folgendes Beispiel zeigt, daß in 3.9, a) im allgemeinen nicht das Gleichheitszeichen gilt: Sei $f: \mathbb{C} \to \mathbb{C}$ gegeben durch $f(z) = z^2$. Dann gilt:

$$\mathbb{C}\text{-rang}_0 f = 0, \quad r_0 f = 1.$$

3.10 Korollar: Ist $f: X \to Y$ holomorph, so gilt:

$$\dim f(X) = 2 \cdot \sup \{r_x f;\ x \in X\}.$$

Beweis: Die Behauptung folgt aus 3.8 und 3.9, b).
Die Aussage 3.10 wurde mit funktionentheoretischen Mitteln bereits durch R. Remmert und K. Stein bewiesen ([8], p. 161, Satz 1).

3.11 Satz: Es sei $f: X \to Y$ eine abgeschlossene, holomorphe Abbildung komplexer Räume, Y sei irreduzibel und $f(X)$ besitze in Y innere Punkte. Dann ist f surjektiv.

3.12 Hilfssatz: Sei M eine zusammenhängende, m-dimensionale, topologische Mannigfaltigkeit (mit abzählbarer Basis). Eine Teilmenge von M hat genau dann die Dimension m, wenn sie innere Punkte enthält.

Beweis: siehe [3], p. 46, Corollary 1.

Beweis zu 3.11: Es sei $Y' := R(Y)$, $X' := f^{-1}(Y')$ und $f' := f \mid X'$. Dann ist Y' eine zusammenhängende komplexe Mannigfaltigkeit, und X', f', Y' erfüllen dieselben Voraussetzungen wie X, f, Y. Da f abgeschlossen ist und Y' dicht in Y folgt aus der Surjektivität von $f' : X' \to Y'$ die Surjektivität von f. Folglich kann man im folgenden ohne Einschränkung annehmen, daß $Y = M$ eine zusammenhängende komplexe Mannigfaltigkeit ist, $\mathbb{C}$-dim $M =: m$.

a) Sei $n = \mathbb{C}$-dim $X < \infty$. Die Surjektivität von f wird durch Induktion über n bewiesen: Im Falle $n = 0$ besteht X aus abzählbar vielen Punkten. Es folgt $\dim f(X) = 0$, und hieraus erhält man $\dim M = 0$, weil $f(X)$ in M innere Punkte besitzt. Da die Mannigfaltigkeit M zusammenhängend ist, kann sie dann nur aus einem Punkt bestehen, und folglich ist f sicher surjektiv. Sei $n \geqq 1$. Man setze $X' := S(X)$, $f' := f \mid X'$ und $X'' := R(X)$, $f'' := f \mid X''$. Es sei $r' := \sup \{\mathbb{C}\text{-rang}_x f'; x \in R(X')\}$, $r'' := \sup \{\mathbb{C}\text{-rang}_x f''; x \in X''\}$. Es gilt

$$r' \leqq m, r'' \leqq m \quad (m = \mathbb{C}\text{-dim } M).$$

Im Falle $r' = m$ ist $\dim f'(X') = 2m = \dim M$ (nach 3.8) und nach 3.12 besitzt dann $f'(X')$ in M innere Punkte. Außerdem ist mit f auch die Abbildung $f' : X' \to M$ abgeschlossen, da $X' \subset X$ abgeschlossen ist. Wegen $\mathbb{C}$-dim $X' < \mathbb{C}$-dim $X = n$ ist f' dann nach Induktionsvoraussetzung surjektiv, und mithin ist auch f surjektiv. Man kann sich also im folgenden auf den Fall $r' < m$ beschränken. Dann gilt nach 3.8: $\dim f(X') = \dim f'(X') = 2r' \leqq 2m - 2$. Da sich X' als abzählbare Vereinigung kompakter Teilmengen darstellen läßt, ist also $f(X')$ in einer abzählbaren Vereinigung kompakter Mengen der Dimension $\leqq 2m - 2$ enthalten. $f'' : X'' \to M$ ist eine ∞-differenzierbare Abbildung. Es sei $B''_{2m-2} := \{x \in X''; \text{rang}_x f'' \leqq 2m - 2\}$, $A''_{2m} := \{x \in X''; \text{rang}_x f'' = 2m\}$. Wegen $\text{rang}_x f'' = 2 \cdot \mathbb{C}\text{-rang}_x f''$ und $r'' = \sup \{\mathbb{C}\text{-rang}_x f''\} \leqq m$ gilt $X'' = A''_{2m} \cup B''_{2m-2}$. Es ist A''_{2m} eine offene Teilmenge von X'', und nach dem Rangtheorem existiert zu jedem $x \in A''_{2m}$ eine Umgebung U derart, daß $f''(U) = f(U)$ eine $2m$-dimensionale reelle Untermannigfaltigkeit, also eine offene Teilmenge von M ist. Es bezeichne $f(X)^\circ$ den offenen Kern von $f(X)$ in M und $\partial f(X)^\circ$ den Rand von $f(X)^\circ$. Dann gilt also $f(A''_{2m}) \subset f(X)^\circ$. Da f abgeschlossen ist, folgt $\partial f(X)^\circ \subset f(X)$, und hieraus erhält man wegen

$$X = X' \cup X'' = X' \cup A''_{2m} \cup B''_{2m-2}: \partial f(X)^\circ \subset f(X') \cup f(B''_{2m-2}).$$

Nach 3.6 (vgl. Beweis) ist $f''(B''_{2m-2}) = f(B''_{2m-2})$ in einer abzählbaren Vereinigung kompakter Mengen der Dimension $\leqq 2m - 2$ enthalten. Da entsprechendes für $f(X')$ bereits bewiesen wurde, folgt mit 1.1, a), daß $f(X') \cup f(B''_{2m-2})$ und damit auch $\partial f(X)^\circ$ die Dimension $\leqq 2m - 2$ hat. Nach Voraussetzung ist $f(X)^\circ \neq \emptyset$. Dann folgt aus 1.15, daß $f(X)^\circ$ in M dicht ist. Da f abgeschlossen ist, ergibt sich daraus $f(X) = M$.

b) Sei $\mathbb{C}$-dim $X = \infty$. Da $f(X)$ innere Punkte besitzt, folgt aus 3.12: $\dim f(X) = 2m$ und damit aus 3.8: $\sup \{\mathbb{C}\text{-rang}_x f; x \in R(X)\} = m$. Es sei $x_0 \in R(X)$ mit $\mathbb{C}\text{-rang}_{x_0} f = m$ und X' diejenige irreduzible Komponente von X, in der x_0 liegt; ferner sei $f' := f \mid X'$. Dann ist $\sup \{\mathbb{C}\text{-rang}_x f'; x \in R(X')\} = m$ und folglich $\dim f'(X') = 2m$ (nach 3.8). Nach 3.12 besitzt $f'(X')$ innere Punkte. Da X' in X abgeschlossen ist, ist mit f auch die Abbildung $f' : X' \to M$ abgeschlossen. Außerdem gilt $\mathbb{C}$-dim $X' < \infty$ (X' ist reindimensional). Nach a) ist deshalb f' und damit auch f surjektiv.

Literaturverzeichnis

[1] Bos, W., Zur Einbettung einer differenzierbaren Mannigfaltigkeit in einen euklidischen Raum. Arch. Math. 16 (1965), p. 232–234.

[2] Gunnig, R. C., und H. Rossi, Analytic Functions of Several Complex Variables. Prentice-Hall Inc., Englewood Cliffs (N. J), 1965.

[3] Hurewicz, W., und H. Wallmann, Dimension Theory. Princeton University Press, 1941.

[4] Milnor, J., Differential Topology. Princeton University, 1958 (Vorlesungsnachschrift).

[5] Munkres, J. R., Elementary Differential Topology. Ann. of Math. Studies 54 (1966).

[6] Nagata, J. I., Modern Dimension Theory. North-Holland Publ. Comp., Amsterdam, 1965.

[7] Remmert, R., Holomorphe und meromorphe Abbildungen komplexer Räume. Math. Ann. 133 (1957), p. 328–370.

[8] Remmert, R., und K. Stein, Eigentliche holomorphe Abbildungen. Math. Z. 73 (1960), p. 159–189.

[9] Sard, A., The measure of the critical values of differentiable maps. Bull. A.M.S. 48 (1942), p. 883–890.

[10] Schubert, H., Topologie. B. G. Teubner, Stuttgart, 1964.

[11] Spallek, K., Differenzierbare Räume. Math. Ann. 180 (1969), p. 269–296.

[12] Whitney, H., A function not constant on a connected set of critical points. Duke Math. Journal 1 (1935), p. 514–517.

[13] Whitney, H., Tangents to an analytic variety. Ann. Math. 81 (1965), p. 496–549.

Forschungsberichte des Landes Nordrhein-Westfalen

Herausgegeben im Auftrage des Ministerpräsidenten Heinz Kühn
von Staatssekretär Professor Dr. h. c. Dr. E. h. Leo Brandt

Sachgruppenverzeichnis

Acetylen · Schweißtechnik
Acetylene · Welding gracitice
Acétylène · Technique du soudage
Acetileno · Técnica de la soldadura
Ацетилен и техника сварки

Arbeitswissenschaft
Labor science
Science du travail
Trabajo científico
Вопросы трудового процесса

Bau · Steine · Erden
Constructure · Construction material · Soilresearch
Construction Matériaux de construction · Recherche souterraine
La construcción · Materiales de construcción · Reconocimiento del suelo
Строительство и строительные материалы

Bergbau
Mining
Exploitation des mines
Minería
Горное дело

Biologie
Biology
Biologie
Biologia
Биология

Chemie
Chemistry
Chimie
Quimica
Химия

Druck · Farbe · Papier · Photographie
Printing · Color · Paper · Photography
Imprimerie · Couleur · Papier · Photographie
Artes gráficas · Color · Papel · Fotografía
Типография · Краски · Бумага · Фотография

Eisenverarbeitende Industrie
Metal working industry
Industrie du fer
Industria del hierro
Металлообработывающая промышленность

Elektrotechnik · Optik
Electrotechnology · Optics
Electrotechnique · Optique
Electrotécnica · Optica
Электротехника и оптика

Energiewirtschaft
Power economy
Energie
Energía
Энергетическое хозяйство

Fahrzeugbau · Gasmotoren
Vehicle construction · Engines
Construction de véhicules · Moteurs
Construcción de vehículos · Motores
Производство транспортных средств

Fertigung
Fabrication
Fabrication
Fabricación
Производство

Funktechnik · Astronomie
Radio engineering · Astronomy
Radiotechnique · Astronomie
Radiotecnica · Astronomía
Радиотехника и астрономия

Gaswirtschaft
Gas economy
Gaz
Gas
Газовое хозяйство

Holzbearbeitung
Wood working
Travail du bois
Trabajo de la madera
Деревообработка

Hüttenwesen · Werkstoffkunde
Metallurgy · Materials research
Métallurgie · Matériaux
Metalurgia · Materiales
Металлургия и материаловедение

Kunststoffe
Plastics
Plastiques
Plásticos
Пластмассы

Luftfahrt · Flugwissenschaft
Aeronautics · Aviation
Aéronautique · Aviation
Aeronáutica · Aviación
Авиация

Luftreinhaltung
Air-cleaning
Purification de l'air
Purificación del aire
Очищение воздуха

Maschinenbau
Machinery
Construction mécanique
Construcción de máquinas
Машиностроительство

Mathematik
Mathematics
Mathématiques
Matemáticas
Математика

Medizin · Pharmakologie
Medicine · Pharmacology
Médecine · Pharmacologie
Medicina · Farmacología
Медицина и фармакология

NE-Metalle
Non-ferrous metal
Metal non ferreux
Metal no ferroso
Цветные металлы

Physik
Physics
Physique
Física
Физика

Rationalisierung
Rationalizing
Rationalisation
Racionalización
Рационализация

Schall · Ultraschall
Sound · Ultrasonics
Son · Ultra-son
Sonido · Ultrasónico
Звук и ультразвук

Schiffahrt
Navigation
Navigation
Navegación
Судоходство

Textilforschung
Textile research
Textiles
Textil
Вопросы текстильной промышленности

Turbinen
Turbines
Turbines
Turbinas
Турбины

Verkehr
Traffic
Trafic
Tráfico
Транспорт

Wirtschaftswissenschaften
Political economy
Economie politique
Ciencias económicas
Экономические науки

Einzelverzeichnis der Sachgruppen bitte anfordern

Springer Fachmedien Wiesbaden GmbH

MIX
Papier aus verantwortungsvollen Quellen
Paper from responsible sources
FSC® C105338

If you have any concerns about our products,
you can contact us on
ProductSafety@springernature.com

In case Publisher is established outside the EU,
the EU authorized representative is:
Springer Nature Customer Service Center GmbH
Europaplatz 3, 69115 Heidelberg, Germany

Printed by Libri Plureos GmbH
in Hamburg, Germany